"十四五"职业教育国家规划教材

高职高专计算机类专业系列教材——移动应用开发系列

知其所以然
——UI 设计进阶

主　编　艾宴清
副主编　王寅峰　刘　松　马　超
　　　　李　阁　项帅求　杨海红

电子工业出版社
Publishing House of Electronics Industry
北京·BEIJING

内 容 简 介

近些年"互联网+"从火爆到沉淀，留下了如快递柜、共享单车等改变人们生活习惯的产品，也随着浪潮的平息带走了不少创业者的时光和资本。从 PC 互联网到移动互联网，UI 设计行业的发展一直都在摸着石头过河，每次都在用野蛮而快速的方式推动社会的进步。

本书试图从这个潮流中识别出一些规律，帮助从业人员在新时代"互联网+"的路上行走得更加顺利。本书系统地介绍了软件产品在诞生之后会遇到的三大生死问题，即产品定义、体验和运营，并针对这三大问题进行了细致的分解。

本书适用于大专院校中计算机、软件技术、数字媒体、信息技术等相关专业学生及互联网行业从业人员，尤其适用于有一定设计经验，略懂 UI 设计流程和产品设计流程的人员。

未经许可，不得以任何方式复制或抄袭本书之部分或全部内容。
版权所有，侵权必究。

图书在版编目（CIP）数据

知其所以然：UI 设计进阶/艾宴清主编. —北京：电子工业出版社，2022.8
ISBN 978-7-121-37603-0

Ⅰ.①知… Ⅱ.①艾… Ⅲ.①人机界面－程序设计－高等学校－教材 Ⅳ.①TP311.1

中国版本图书馆 CIP 数据核字（2019）第 219779 号

责任编辑：贺志洪（hzh@phei.com.cn）
印　　刷：固安县铭成印刷有限公司
装　　订：固安县铭成印刷有限公司
出版发行：电子工业出版社
　　　　　北京市海淀区万寿路 173 信箱　邮编 100036
开　　本：787×1092　1/16　印张：11.75　字数：300.8 千字
版　　次：2022 年 8 月第 1 版
印　　次：2025 年 1 月第 5 次印刷
定　　价：54.00 元

凡所购买电子工业出版社图书有缺损问题，请向购买书店调换。若书店售缺，请与本社发行部联系，联系及邮购电话：(010) 88254888，88258888。

质量投诉请发邮件至 zlts@phei.com.cn，盗版侵权举报请发邮件至 dbqq@phei.com.cn。
本书咨询联系方式：(010) 88254609，hzh@phei.com.cn，QQ6291419。

前　言

诸位，听听我的故事可能觉得连我这个人都是奇葩的人。我的第 1 份职业是机械装备设计工程师，第 2 份职业是集成电路设计工程师。我参与过离子注入机的相关研究，也作为核心人员设计了"神威·太湖之光超级计算机"所用的 CPU。读博士之前我做了 8 年工程师，至今记忆最深刻的还是老东家华为任总的话——"一次性把事情做对"。我一直让自己朝着工程人才的方向发展，结果读完之后却走上了教师岗位。

听起来都与设计有关，事实上一切都与设计无关。

2015 年我走上教师岗位，在学院内部担负起探索开设"UI 设计"方向的责任。也是在这一年，"互联网＋"大爆发，当时的情形就如同虎嗅网"天马来行空"所说：

> 自 2015 年全国两会政府报告发布之后，"互联网＋"顿成显学。在 TMT 投资领域报告中言必称"互联网＋"，投资标的非"互联网＋"不看。一时间泡沫泛滥，牛鬼蛇神上街，股价上窜如脱缰之马浑然不顾价值基本规律。

当时身边创业的朋友 80% 都在试图开拓"互联网＋"方向，产业的蓬勃发展造成人才极度空缺，以至于大量原本的平面设计工程师或者是简单培训 Photoshop 后的新手都会非常抢手。原因无他，缺人！没有 UI 设计，开发工程师无从下手。于是乎，眼见一起起"赶鸭子上架"，又眼见一家家公司至死都没见过产品上线。

我就是在这种形势下跳进了这个行业的，并且试图用工程化的思维解决这些产品难产的根本性问题，工程化的问题就要遵循立论—构建解决方案—企业实施—调整的工作流程。《知其所以然——UI 设计透视》和《知其所以然——UI 设计进阶》这两本书就是这个工作流程的产物，书名中加上的"知其所以然"也正是我对当时状况的观点，即 UI 设计一定不止画画界面，而是要解决包含界面在内的背后的逻辑、交互等问题。

《知其所以然——UI 设计进阶》系统地考虑了软件产品在诞生之后会遇到的三大生死问题，即产品定义、体验和运营，并针对这三大问题进行了细致的分解。第 1 章讲述如何对产品负责，打造好的产品；第 2 章尝试系统化地提出体验设计和传达方法；第 3 章作为体验的补充，给出在体验中如何出新的思路；第 4 章讲述了如何才能设计一款能支撑起运营工作的产品；作为拓展，第 5 章和第 6 章讲述了成本和虚拟现实 UI 的相关知识；第 7 章用实例讲述了典型的实践过程。

本书内容积累于移动互联网行业第一线的经验，其流程和观点很多都算是灰烬中的点点星光。本书由艾宴清担任主编并组建编写团队，团队成员包括深圳信息职业技术学院的王寅峰、马超、项帅求、杨海红，以及河南水利与环境职业学院李阁和成都摹客科技有限公司刘松。在这里要感谢学院领导邓果丽、蔡铁、王寅峰对我的支持，没有 5 年来的授课安排，课程内容不会从无到现在有了雏形。也要感谢我身边创业的朋友们，他们是百立特的官子森官总和滕敏滕总；晓风环境的彭书涛彭总、海淘天使的司总、乾立亨的陈总和李总，以及零边际网络和善为互联的各位同人。正是由于他们的支持本书的论点才能得到实践的检验和修订；同时也要感谢在互联网上分享及提供分享平台的网友和公司，我所写的内容中有一部分就吸纳了他们的经验。最后还必须要感谢我的太太 Vivi、儿子介子和家人，没有他们的支持，我也没有时间坐下来写东西。

最后的最后还要感谢电子工业出版社的相关编辑，没有他们的督促，我可能还会一拖再拖。

希望本书能为您开拓思路，如需交流，欢迎扫码添加我的微信。

目　录

第1章　对产品负责 ·· 1
　1.1　产品的边界 ··· 1
　　　1.1.1　产品设计的三重境界 ··· 1
　　　1.1.2　产品有边界吗 ·· 3
　　　1.1.3　怎么确定边界 ·· 5
　　　1.1.4　可资参考的领悟 ··· 11
　1.2　产品需求管理 ·· 11
　　　1.2.1　为什么需要需求管理 ·· 12
　　　1.2.2　需求管理方法 ·· 13
　　　1.2.3　需求管理告诫 ·· 16
　1.3　基线和迭代 ·· 17
　　　1.3.1　基线 ·· 17
　　　1.3.2　迭代 ·· 18
　　　1.3.3　基线和迭代的关系 ·· 19
　1.4　信息架构可视化 ··· 19
　1.5　产品质量清单 ·· 22
　1.6　产品评审维度清单 ·· 27
　　　1.6.1　策划期后的评审 ·· 27
　　　1.6.2　策划期的评审 ·· 28
　1.7　课后习题 ··· 33

第2章　将体验系统化 ·· 34
　2.1　视觉之外 ··· 34

　　　　2.1.1　听觉 …………………………………………………………… 34
　　　　2.1.2　行为 …………………………………………………………… 36
　2.2　互动点设计 …………………………………………………………… 38
　　　　2.2.1　欣赏式互动点 ………………………………………………… 38
　　　　2.2.2　琢磨式互动点 ………………………………………………… 40
　　　　2.2.3　参与式互动点 ………………………………………………… 43
　　　　2.2.4　成就式互动点 ………………………………………………… 47
　　　　2.2.5　互动点是情感化设计的纽带 ………………………………… 49
　2.3　体验供应链 …………………………………………………………… 52
　　　　2.3.1　与普通供应链的区别 ………………………………………… 52
　　　　2.3.2　环节的划分 …………………………………………………… 52
　　　　2.3.3　上游供应链 …………………………………………………… 53
　　　　2.3.4　内部供应链 …………………………………………………… 54
　　　　2.3.5　下游供应链 …………………………………………………… 55
　2.4　体验传达 ……………………………………………………………… 56
　　　　2.4.1　基本原理 ……………………………………………………… 57
　　　　2.4.2　相关认知心理 ………………………………………………… 57
　　　　2.4.3　符号和元素 …………………………………………………… 62
　　　　2.4.4　体验传达的基本原则 ………………………………………… 65
　　　　2.4.5　体验偏差的成因 ……………………………………………… 67
　2.5　交互路径分析 ………………………………………………………… 68
　2.6　从用户体验的体验设计 ……………………………………………… 72
　2.7　课后习题 ……………………………………………………………… 73

第3章　交互的硬件载体 ……………………………………………………… 74
　3.1　智能手机 ……………………………………………………………… 74
　3.2　穿戴类产品 …………………………………………………………… 80
　3.3　其他设备 ……………………………………………………………… 82
　3.4　交互设备发展趋势 …………………………………………………… 86
　3.5　智能硬件交互设计注意事项 ………………………………………… 91
　3.6　课后习题 ……………………………………………………………… 93

第4章　为运营搭台 …………………………………………………………… 94
　4.1　常见的运营方式 ……………………………………………………… 94

4.1.1　用户运营之推广 ·· 95
　　　4.1.2　用户运营之SEO ··· 97
　　　4.1.3　内容运营 ·· 100
　4.2　演进中的数据运营 ·· 102
　4.3　数据指标集 ·· 104
　　　4.3.1　构建指标集的目标 ·· 104
　　　4.3.2　相关数据 ·· 105
　　　4.3.3　构建指标集的方法 ·· 107
　　　4.3.4　以QQ为例 ·· 109
　4.4　数据埋点 ·· 111
　　　4.4.1　数据埋点流程 ·· 112
　　　4.4.2　数据埋点方法 ·· 113
　4.5　业务风控 ·· 116
　　　4.5.1　常见风险 ·· 117
　　　4.5.2　防范用户信息泄露 ·· 118
　　　4.5.3　防羊毛党 ·· 119
　4.6　面向运营的设计 ·· 120
　　　4.6.1　支撑Banner等曝光方式 ······································ 120
　　　4.6.2　支撑促销活动 ·· 123
　　　4.6.3　支撑SEO ·· 126
　　　4.6.4　支撑游戏关卡优化 ·· 128
　　　4.6.5　设计流程 ·· 130
　4.7　课后习题 ·· 132

第5章　预估UI的成本 ·· 133
　5.1　UI元素 ·· 133
　5.2　UI元素对应的代码 ·· 135
　5.3　估算开发周期 ·· 137
　5.4　课后习题 ·· 139

第6章　虚拟现实的UI设计 ·· 140
　6.1　VR的UI设计 ·· 140
　　　6.1.1　最佳视域 ·· 141
　　　6.1.2　虚拟环境中的交互 ·· 142

    6.1.3 视觉设计 …………………………………………………………… 146
  6.2 AR 的 UI 设计 …………………………………………………………… 152
    6.2.1 AR 中的交互 ………………………………………………………… 153
    6.2.2 AR 体验的目标 ……………………………………………………… 155
  6.3 MR 的 UI 设计 …………………………………………………………… 156
  6.4 课后习题 ………………………………………………………………… 158

第 7 章 手机软件 UI 实践 ……………………………………………………… 159
  7.1 需求边界 ………………………………………………………………… 159
  7.2 需求分析 ………………………………………………………………… 161
    7.2.1 用户需求 …………………………………………………………… 163
    7.2.2 运营需求 …………………………………………………………… 164
    7.2.3 用户故事 …………………………………………………………… 165
  7.3 UI 流程图设计 …………………………………………………………… 166
  7.4 UI 流程图设计测试 ……………………………………………………… 169
  7.5 线框图及原型设计测试 ………………………………………………… 170
  7.6 视觉稿设计 ……………………………………………………………… 175
  7.7 原型测试 ………………………………………………………………… 175
  7.8 开发跟进等其他环节 …………………………………………………… 176
  7.9 课后习题 ………………………………………………………………… 177

第 1 章　对产品负责

产品是产品/UI 设计师的脸面和根本，也是自己获得社会尊重的基础。选择产品经理或者 UI 设计师岗位时，我们可能更多地认为这是自己喜欢做的事情，可惜世事难料，一旦走上这个岗位我们就会有很多"婆婆"。其中为产品买单的老板算一个，为公司出资或者准备出资的风险投资方算一个，开发人员算一个。还有没有其他？用户还是用户需求？

繁复的要求面前，身为产品设计人员究竟该如何做决定才是对的？

1.1　产品的边界

"知止而有得"，产品边界的合理划分对产品的成败至关重要。这个范围涉及功能、业务、用户角色、搭载终端等，不讨论产品设计人员的工作内容的边界。因为毕竟大部分工作内容是上级指派，或者个人要求的，而非讨论的结果。

1.1.1　产品设计的三重境界

境界既是人的思想觉悟和精神修养，也是自我修持的能力，即修为和人生感悟。对于境界，不同的领域有不同的看法和见解，它是一种很微妙的感觉。产品设计人员身处一个需要"修持"的环境，受到来自东南西北风的裹挟。如果没有一点修为，没有一点境界，自然是难以立足。

各种境界的解说在产品设计行业百花齐放，有的从产品的体验角度划分，如童可在其《互联网产品设计境界》大作中将互联网产品设计分为如下 4 种境界。

（1）有用的设计满足用户的需求。
（2）易用的设计拥有良好的用户体验。
（3）情感化的设计从情感上关怀用户、触动人心。
（4）革命性的设计融入了设计师的理念和梦想，改变人的生活方式。

这种分类方式借鉴了唐纳德·A·诺曼《情感化设计》一书中的论点，将产品按照带给用户的体验从差到好分别归为有用、易用、情感化设计、革命性设计，但是这种分类方法忽略了难用和无法使用的产品。

也有根据产品推出后所起到的作用来划分产品的,如辛立华在其《产品设计的三境界》大作中将产品划分为3个境界来解释产品设计理念的本质变化:

(1) 造物,单纯地考虑造型与功能或者单一的标准衡量设计作品的成功与否。

(2) 造钱,以能否给企业带来利润或者带来了多少利润作为评判规则。

(3) 造世,着眼于全人类发展而进行设计创造。

可以说各种论述如同服装设计展上的服装,都在以夸张的手法让大家注意到某个角度的重要性。对于具体怎么指导自己的设计,则仁者见仁智者见智,各取所需。

在中国,市场经济已经经过多年发展,发展过程中时代的需求有些时候表现得相当短视。甚至唯利是图都成为一部分人的首要追求,互联网产品设计界尤其如此。通过游戏中设计的病毒性,有意强化沉迷效果而导致"12岁小学生打赏网络主播""青少年沉迷互联网赌博",以及"13岁少年沉迷某款网络游戏"等案件高发;通过设计的业务流程,导致"三级分销"、传销和"P2P金融"等屡禁不绝;通过高科技产品"Wifi探针"和"网络攻击"等方法,让网络产品成为信息安全案件的高发区,所有这些问题单靠管理部门的努力远远不够。对于企业来说,追求利益无可厚非,但唯利是图无法让其成为令人尊重的企业,漠视责任终究会受到法律严惩。

图1-1 产品设计的3个境界

在此背景下作为产品的直接设计人,我们必须强调社会责任,要有所为有所不为。设计的境界划分必须回归有利于社会良性发展的轨道,成为社会发展的正面力量。具体来说,产品设计人员的工作状态会经历3个境界,即KPI(Key Performance Indicator,关键绩效指标)、为老板和为需求,如图1-1所示。境界越高,就意味着产品设计人员的独立意识越强烈,越能坚守设计之道和职业道德。

KPI是公司内部针对产品设计岗位所确定的量化指标,如基础指标和过程指标。以某互联网运营公司为例,运营团队的基础指标就是半年完成基础的500万(125万/季度)浏览量;而过程指标就是为了达成500万浏览量中每个新增的50万浏览量需要做的事情,过程指标甚至可以包括自主学习的时长、参与培训和工作坊的次数等。为KPI而工作,是职场人士的正常想法,但是这个境界偏低。这种想法如同一盆凉水会让人失去亢奋的状态,从而无精打采,疲于应付。

比为KPI工作的境界高一点的是为老板工作,这种境界下至少设计人员已经将自己的前途与公司的命运进行了强绑定。这种状态会激发拼搏精神,特别是在企业文化得到贯彻的公司内部,例如,华为、阿里、百度。但是这种境界同样有其弊端,会催生前述"造钱"的设计境界,稍有不慎就会成为社会负面现象的推动者。

最高境界当然是为需求而作,这里的需求即为用户需求。在这个境界下,产品设计人员仿佛进入了一片荒原，周边一个人都没有，没有老板，没有考核部门，没有投资人，没有用户，也没有自己。他所站立的"土地"就是用户需求，所秉持的就是自己的独立精神。他会全方位分析需求的产生、背景及本质，既不会完全听从老板，也不会将某个或者某几个用户奉为圭臬，而是本着从根本上解决用户需求想法而创造出最佳方案。

1.1.2 产品有边界吗

产品有边界吗？产品的边界在哪里？

作为产品设计人员，我们常常收到来自各方面的新需求、意见、变更、建议方案、修改提案、迭代意见、测试报告等。最常见的案例是第 1 次开产品评审会时，会上针对路演材料进行讨论和分析，同时提出了许多应变更的细节，修改后很快进行了第 2 次评审。第 2 次评审之后相关方又对系统提出了改进的需求，也是一些细节问题。导致第 2 次评审后又回去修改系统，接着第 3 次……几次反复后，产品设计人员会感到很恼火。此时除了寻找一个情绪释放的渠道之外，通常产品设计人员最想问的是"这事儿还有没有完？有没有规矩？"

他们寻找的规矩就是产品的边界、产品的范围，在产品设计启动之初就必须清晰表述关键点。如果边界没有得到清晰界定，没有落实到文字的流程和规矩，相关人员一定会养成随意变更的坏毛病。产品设计人员就不可避免地躺枪和背锅，甚至整个团队，乃至整个公司的生存出现问题。

可以从 3 个方面对产品边界展开讨论。

1. 明确产品定位边界

产品创意伊始必须对产品进行定位，在面对相同的需求场景时，一定要清晰认识到"我是谁"。清晰且准确地认识到产品定位才能让我们在"相同"之中找到"不同"，并且找到真正适合我们自己的做法，而不是盲目地模仿。即便是参考和学习，也必须严格排除与公司策略不匹配的元素。

具体而言，就是明确哪些来自市场和用户的需求是自家产品应该解决的。拥有产品设计激情的人员一定会发现生活中各种未被满足的需求，但对具体项目而言，和产品定位不匹配的需求却并没有什么实际意义。

曾经有个例子，某位产品经理做过一个餐饮项目，当时的定位是做一个餐饮 SaaS 产品，为餐饮门店提供一套更加灵活的餐饮一体化解决方案。于是在服务餐饮门店的外卖业务时，公司内部就有了一些关于产品的讨论。

甲方观点：我们可以自己做一个外卖订餐产品。

乙方观点：我们需要做的是和现有外卖平台对接。

甲方的理由是这样做对系统而言，订单都是系统内流转，可以灵活控制并且在产品内部构建起自身业务闭环。

而产品经理和其团队认为既然做的是餐饮 SaaS 产品，就不是单纯的外卖产品，所以与原本定位相悖。而且对比当时的三大外卖巨头，自身的外卖产品不仅没有流量上的优势，反而会导致多线开战而白白消耗公司的战斗力。

这个实例告诉我们，在产品边界上出现分歧对公司来说是再正常不过的事情。盲目扩大产品的边界，很有可能会使自己"志大才疏"，因此必须要在第一时间通过内部辩论统一思想认识。一旦确定了产品的设计边界，所有团队必须"讲政治"，必须有"核心意识和看齐意识"，否则就会增加内耗，甚至导致团队出现危机。

2. 明确产品功能边界

在产品中每个功能不应该是无限扩展的，而是有其边界和限制的，而决定功能边界和限制的就是功能自身的属性决定的。

就像我们在产品中为用户发送优惠券一样，我们肯定做过产品活动和优惠券。例如，饿了么外卖，我们每次点完餐之后分享再去领取优惠券，那么领取优惠券的通知应该跟随用户参与分享领券活动呢？还是跟随用户账户获得优惠券呢？如果领一张优惠券就发送一个通知，那么在饿了么这套逻辑中，用户获得系列优惠券就应该会被多次通知得到优惠券。很显然这样用户就会被信息轰炸了，而现实情况是饿了么也是对整个领券活动综合通知用户的优惠券获取情况。

所以在上面饿了么这个例子中，产品的通知边界应该是控制在活动这样一个逻辑上面，而非优惠券本身。

做产品设计时对产品边界的限制是建立在对产品功能模块的深入理解上的，需要将相应的功能限制在对应的模块中。

3. 明确产品版本边界

划分版本是一项富有艺术性的工作，一方面可以通过不同版本给用户带来更好的体验；另一方面更新版本还是维系客户关系的重要方式。但是除此之外，版本的确定还必须考虑每个版本的工作量和开发团队所采用的开发模式。

除了早期的瀑布模型开发、迭代式开发、螺旋开发和敏捷开发等软件产品开发模式的共性就是把原本一个庞大的软件系统，拆分成一个个小版本逐步实现。这是软件工程的思想，但并不是软件公司管理人员的思想。因为有一个很大的人群完全不了解软件工程，甚至项目发起人、公司主要负责人都没有这个思想，因此作为产品设计人员必须要对宣讲难度和实施难度有充分的考虑。

例如，常用的迭代式开发模式可以不要求每一个阶段的任务做得都是最完美的。明智的方法是允许"带病上岗"，明明知道还有很多不足的地方却有意搁置，把主要精力放在核心功能的搭建上，以最短的时间及最少的损失先完成一个"不完美的成果物"直至提交。然后再通过客户或用户的反馈信息，在这个"不完美的成果物"上逐步进行完善。对于新产品而言，这无疑这是一种最合适的开发方式。因为我们很可能在跨界，即进入了一个自己并不熟悉的领域，所以存在大量的未知数。如果奢望一次性把产品规划做到极致，则会严重影响开发成本、人力安排，以及公司的士气，公司的人员、利润表都需要持续不断的小目标带来的成就感。

这种版本划分需要与 α、β、RC 版和稳定版等 4 个属于同一功能下的开发阶段版本区分开来，我们所说的版本划分是不同功能且功能逐步递进并最终达成理想版本的划分模式。

我们在做产品迭代时，除优化现有功能，还会加入一些新的功能或者模块。这时候就需要我们清楚地了解当前产品的版本边界，不要在满足当前一个未被明确的需求或者尚未成功的模块功能上进行更多的产品叠加。

有一个关于版本边界的例子，一个网络展会平台产品的当前版本一定能够正常创建展会。相应的展商能够参加展会并发布展品，对产品本身而言就是一个完整的 CMS 系统。如果这个时候让你再增加观众报名线下展会的入口（一个还在想象中的功能），很显然是不太合理的，也明显不符合当前产品版本的主要目的。

因此在开始阶段大致整理清楚边界后，要预先划分好版本节点，为后期的每一次迭代明确目的。这个目的就是我们这个阶段的产品边界，与此相反，超越这个边界就会带来额外风险。

总之，在做产品设计时我们要深刻理解产品的用户定位、大致功能、版本划分。并且管理好各种以"灵感"形态出现的额外需求，甚至要有"弱水三千，只取一瓢"的觉悟。

1.1.3　怎么确定边界

软件产品的研发流程通常包括创意、设计、开发、测试 4 个核心环节，创意通常由原始创意人员结合对市场的灵感提出。随后经过设计人员落实到视觉层面，之后开发人员进行研发，并在一次次测试之后形成稳定版本对外发布。但在实际中流程永远不可能这么纯粹，很可能在研发启动后，创意人员还在源源不断地产生新的灵感。或者因为市场上出现了新的竞品，导致设计人员必须重新设计或部分更新，而这一切又会影响后续阶段。即使测试过程也并不是一成不变的，有时候因为交付的需要会进行压力测试，有时候则因为人员安排和交期等问题必须有所折中。

结合之前的分析，产品至少要在定位、功能、版本等 3 个方面加强边界控制，而软件测试环节同样需要拟定明晰的测试目标。如此一来，产品、研发、QA 等部门可以相对准确地估算自身人月（人月，实际上是人·月，是工作量的常见单位，代表一个人一个月的基本工作量），包括业务部等整个团队也能在产品研发开始就对产品的能力范围心中有数。并且优化方向也非常清晰，销售和推广话术也能提前拟定，从而形成并行作战，而不是效率最低的单线蛇形阵。

因此放眼软件产品的研发流程，产品边界的管理可以从产品设计、设计评审、品质管理和研发等 4 个角度展开，涉及的人员分别是产品团队（含总监、体验工程师）、全员、品质管理工程师和研发团队，如图 1-2 所示。

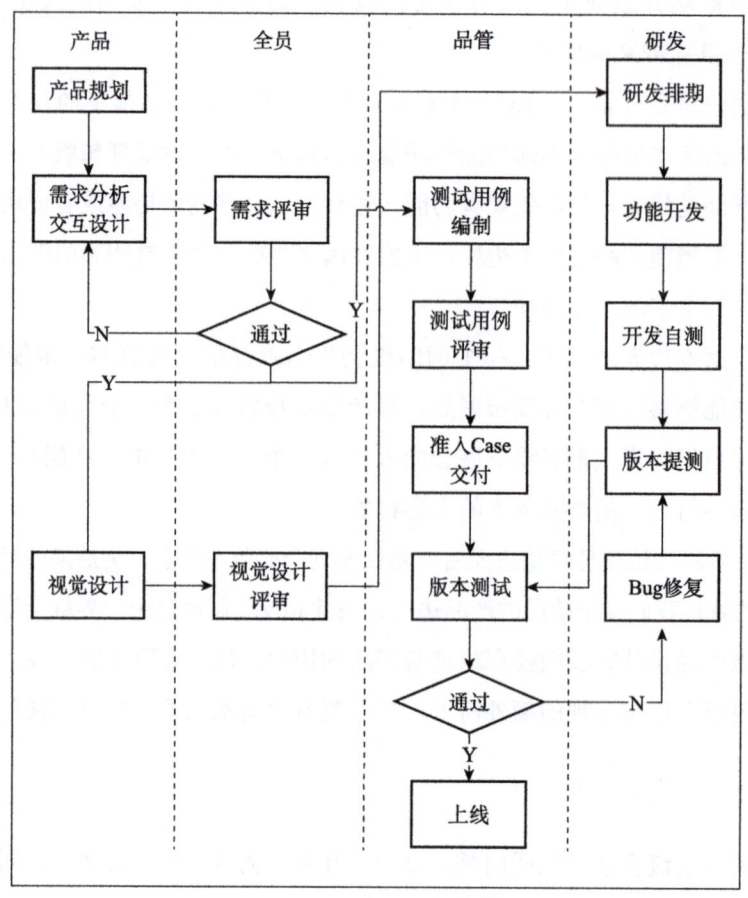

图 1-2　软件产品的研发流程

产品的边界可以从 4 个角度展开。

1. 聚焦定位，确定品牌策略边界

企业定位是企业品牌的根基，产品定位是企业品牌的延伸。定位有助于消费者识别产品来源或制造厂家，更有效地选择或购买商品。借助品牌，消费者可以得到相应的服务便利，如更换零部件、维修服务等；同时，品牌有利于消费者权益的保护，如选购时避免上当受骗、出现问题时便于索赔和更换等。定位还有助于消费者避免购买风险及降低购买成本，从而有利于消费者选购商品。

品牌定位维度包括市场定位、价格定位、形象定位、地理定位、人群定位、渠道定位等，好的品牌对消费者具有很强的吸引力，有利于消费者形成品牌偏好，满足其精神需求。

具体来说，品牌策略边界就是品牌策略涉及的边界。确立品牌策略边界时，有以下 4 个注意事项。

（1）强化品牌个性的多做，弱化品牌个性的少做。品牌个性包括命名、包装设计、产品价格、概念、代言人、形象风格、适用对象等。例如，"小黑裙"的店铺中所有款式的颜色只有黑色，"小黄车"的单车永远只有黄色。

（2）强化品牌传播的多做，弱化品牌传播的少做。品牌传播归根结底是一种方法或途径，它是企业告知消费者品牌信息、劝说购买品牌以及维持品牌记忆的各种直接及间接的方法。品牌传播可以利用广告、公关、促销和人际传播，如在火锅界，只要提到服务好，人们一定会说海底捞，这是大家公认的。味道不多说，因为火锅也就是那个味道，无非就是汤底的不同而已。但是海底捞之所以受欢迎，最大的原因就是它的服务。其品牌传播时主打的就是"好到变态"，来这里的食客只需要感受到服务好就够了。

（3）强化品牌销售的多做，弱化品牌销售的少做。品牌销售可以通过通路策略、人员推销、店员促销、广告促销、事件行销、优惠酬宾等方法进行，我们永远不要奢望LV品牌出现"好友帮砍价"的营销方式，而拼多多也永远不会放弃这种营销方式。

（4）强化品牌管理的多做，弱化品牌管理的少做。做品牌管理的4个重点要素是建立信誉、争取支持、建立关系、增加机会，如淘宝和支付宝必须要用两个软件和两个品牌，这就是品牌管理。

2. 聚焦功能，确定技术和工期边界

手里有多少资源，就做多大的事情。技术型公司的核心资产就是人和钱，尤其是人。有成熟稳定的团队，再加上相当的资本就不会出现黑天鹅事件。如果只有钱，或许能较快地招募一批人。但原本陌生且没有技术基因的公司想要将这批员工锻炼成有战斗力的队伍，却不是一朝一夕的事情，而且过程中会充满变数。

在产品规划和需求分析阶段必须管控住需求，需求好比是补品，与人体相当的进补对身体有益。但是体弱而猛补，则恐怕连本都守不住。技术和工期边界必须落实到文字，即PRD文档。在这份PRD文档中，不仅需要从财务、业务等角度对项目进行完整性评估，还要从技术难度和团队实力方面对项目进行分析。一份好的PRD文档应至少包含需求背景、需求描述、角色说明、流程图、页面及功能、与其他系统交互接口、效果预期、数据指标、PRD迭代记录等模块。

所有核心的需求解决方案必须列明其实现方式和当前团队对该技术的熟悉程度，最好以"关键功能解决方案摸底表"的方式落实到文字，如表1-1所示。

表1-1 关键功能解决方案摸底表

需求	解决方案	自有技术	预计工时	备注
人脸识别	TensorFlow	否	4	需预研
…	…	…	…	…

产品工期受制于公司的发展里程碑规划，以及资本市场的需求和现有的存量资金。因此合理的工期必须符合公司现状的日程安排并预留足够的测试和内测的时间，并根据这个时间要求倒推该版本所允许的工时。

在具体工作中，功能边界经常会受到挑战，我们常常见到的场景是技术总监在电话里气急败坏地向项目经理吼叫："我们必须拥有这个功能，否则就完蛋了！"这种产品团队和技术团队等其他部门的博弈一直以来都是非常经典的桥段，市场信息的变化和团队领袖们情绪的变化会直接影响到需求。因此该有和不该有的功能有时候会经常性被转换，这就带来了需求边界蔓延（scope creep），边界和功能特征蔓延是项目失败的常见原因之一。不明来路的需求缓慢增加，并不受控制地在项目中增加技术特征。结果你本来想更好、更出色地完成项目，但你不断增加新的想法……就这样，你可能会失去宏观上对项目的把握，反而失败。

这里需要提醒的是（《人月神话》这本书中有更详尽的论述），对于软件项目进度的估算往往会根据项目的紧急程度而得出过于乐观的结果。这一方面是因为所有的编程人员都是乐观主义者，我们往往会认为"这次肯定能运行"或者是"我已经找出了最后一个 Bug"；另一方面则来源于市场的压力，这种情况在国内环境中更甚。我们对于进度估算的第 1 个错误假设就是一切都将运作良好，每一项任务仅花费它所"应该"花费的时间。而这个假设往往是一厢情愿的，对于创造性工作来说，创造者常常是在实现过程中才发现在构思设计时的不完整性和不一致性。从而反馈到的构思设计上，处理这种问题的时间和复杂程度会随着项目的结构及任务的大小而呈现非线性增加的关系，所以对于大型软件项目来说，"一切都将运作良好"就是一件概率非常小的事情了。

在软件项目中我们往往用人员这个指标衡量项目的工作量，但是这个指标实际上是一个危险并带有欺骗性的神话，它暗示人员数量和时间是可以互相替换的。只有在将任务分解给参与人员后他们之间不需要互相交流的情况下，人数和时间才是可以互换的。在实际软件项目中，只要项目具有一定规模，不论是设计、开发、测试、部署的各个阶段都会分解任务给不同人员。而且这些阶段本身也属于一种任务的分解，在不同人员间分解任务就不可避免地引发额外的沟通成本——培训和相互沟通。因为软件开发本质上是一项系统工作，即错综复杂的关系下的一种实践。沟通交流的工作量非常大，很快会消耗任务分解所节省下来的个人时间。简单来说就是 3 个人要干 3 个月的事情不是说安排 9 个人就能 1 个月干完，而且在进度落后的项目中增加人手的做法往往只会使进度更加落后。

3. 聚焦版本，确定变更边界

除了需求不确定且经常需要调整的敏捷开发类项目，用其他开发模式所推进的项目在确定版本时都要评估风险。并且作为阶段性项目需求表下发给相关部门具有充分的严肃性，需要得到相应的尊重。

版本管理除了做好记录之外，更重要的是千方百计地追赶固定的发版时间，而不是接纳更多的需求变更，推迟发布时间。

为了避免子版本的划分方案被随意改动，必须管理好变更，至少要将变更划分为一般性变更、紧急变更、用户测试、版本控制、系统更新和权限管理等级别，并形成相应级别的变更流程，制定需求管理制度使版本更有严肃性，如表1-2所示为需求管理制度范例的摘录。

表1-2 需求管理制度范例的摘录

> 第四条 需求部门提出系统变更需求，并将变更需求整理成《变更申请书》（附件三），由部门负责人审批后提交给信息部。
> 第五条 信息部负责接受需求、分析需求，并提出系统变更建议，信息部负责人审批《变更申请书》。
> 第六条 信息部根据自行开发、合作开发和外包开发的不同要求组织实现系统变更需求，产生供发布的程序。
> 第七条 信息部将所有的变更请求记录在《任务管理表》（附件四）中，并按照优先级安排实施的先后次序进行跟踪处理。
> 第八条 信息部负责对系统变更过程的文档进行归档管理，所有文档至少保存3年，详细流程参见《系统变更流程》（附件一）。

4. 聚焦上线，确定测试边界

上线是软件部署到工作环境，对外开始提供服务的标志性操作。通常每个公司都给自己的产品确定了上线标准，常规的上线标准可以参考上线标准的示例，如表1-3所示。上线标准中的主要内容就是对测试标准的描述，其中软件测试的对象包括程序（含目标程序和源程序）、数据、文档。软件的主要测试内容为技术接口与路径测试、功能测试、健壮性测试、性能测试、用户界面测试、信息安全测试、压力测试、可靠性测试、安装/反安装测试，测试的目的是尽可能多地找出软件的缺陷。每种测试又可以根据测试内容和目标的不同做进一步的细分，例如，对手机可以施加的压力测试又可以分为存储压力、边界压力、响应能力压力、网络流量压力等。

表1-3 上线标准的示例

> 一、编写目的
> 明确软件测试工作的开始和结束标准。
> 二、软件测试合格标准
>
> | A类错误 | B类错误 | C类错误 | D类错误 |
> | --- | --- | --- | --- |
> | 无 | 无 | 无 | ≤ 4% |
>
> 以上比例为错误占总测试模块的比例。
> 三、缺陷修复率标准
> (1) A、B、C类错误修复率应达到100%（C类错误允许存在<5个）。
> (2) D类错误修复率应达96%以上。
> 四、覆盖率标准
> 测试需求执行覆盖率应达到100%（业务测试用例均已执行）。

(续表)

五、错误类别

A类：不能完全满足系统要求，基本功能未完全实现或者危及人身安全，以及系统崩溃或挂起等导致系统不能继续运行。

包括以下各种错误。
（1）由于程序所引起的死机，非法退出。
（2）死循环。
（3）数据库发生死锁。
（4）因错误操作导致的程序中断。
（5）功能错误。
（6）与数据库连接错误。
（7）功能不符。
（8）数据流错误。
（9）数据流转错误。
（10）严重的数值计算错误。

B类：严重地影响系统要求或基本功能的实现，并且没有更正办法（重新安装或重新启动该软件不属于更正办法）。使系统不稳定，或破坏数据或产生错误结果或部分功能无法执行，而且是常规操作中经常发生或非常规操作中不可避免的主要问题。

包括以下各种错误。
（1）程序接口错误。
（2）系统可被执行，但操作功能无法执行。
（3）在小功能项的某些项目（选项）使用无效（对系统非致命的）。
（4）功能实现不完整，如删除时没有考虑数据关联。
（5）功能的实现不正确，如在系统实现的界面上一些可接受输入的控件点击后无作用，以及对数据库的操作不能正确实现。
（6）报表格式及打印内容错误（行列不完整，数据显示不在所对应的行列等导致数据显示结果不正确）。
（7）轻微的数值计算错误。
（8）界面错误（详细文档）。

C类：严重地影响系统要求或基本功能的实现，但存在合理的更正办法（重新启动该软件不属于更正办法）。系统性能或响应时间变慢、产生错误的中间结果但不影响最终结果等影响有限的问题。

包括以下各种错误。
（1）操作界面错误（包括数据窗口内列名定义、含义不一致）。
（2）打印内容、格式错误（只影响报表的格式或外观，不影响数据显示结果）。
（3）简单的输入限制未放在前台进行控制。
（4）删除操作未给出提示。
（5）虽然正确性不受影响，但系统性能和响应时间受到影响。
（6）不能定位焦点或定位有误，影响功能实现。
（7）显示格式不正确但输出正确。
（8）增删改功能，在本界面不能实现，但在另一界面可以补充实现。

D类：使操作者不方便或遇到麻烦，但不影响执行工作功能或重要功能。界面拼写错误或用户使用不方便等小问题，以及需要完善的问题。

包括以下各种错误。
（1）界面不规范。
（2）辅助说明描述不清楚。
（3）输入输出不规范。
（4）长时间操作未给用户提示。
（5）提示窗口文字未采用行业术语。
（6）可输入区域和只读区域没有明显的区分标志。

(续表)

> （7）必填项与非必填项应加以区别。
> （8）滚动条无效。
> （9）键盘支持不好，如在可输入多行的字段中不支持回车换行，或对相同字段在不同界面支持不同的快捷方式。
> （10）界面不能及时刷新，影响功能实现。
> （11）光标跳转设置不好，鼠标（光标）定位错误。
> （12）一些建议性问题。
> （13）系统处理未优化。
> **六、测试环境**
> 最终要在正式网测试通过，因为上线后用户是在正式网操作。
> **七、压力测试**
> 经过压力测试，要求项目在正式网上达到压力测试通过标准（对不同项目有不同的压力测试通过标准）。

遵照上线标准测试时我们会发现即使理论上完全可行的标准，在实际实施过程中也会困难重重，或者耗时巨长。我们需要从几个方面对这个现状进行改变：首先，测试的边界不能仅仅局限于上线前，即必须嵌入设计、开发的每个环节中并亲自参与不同阶段的测试，或者培训相关环节的工程师加强自验自测，尽早发现问题，合适时还可以引入自动化测试协助发现问题；其次，测试标准有时候必须进行适当的妥协，例如，覆盖率是否要求100％才行，是否可以针对需求的重要程度加以区别对待等，这些方法在实际中都是值得讨论的。

1.1.4 可资参考的领悟

"如果我有1 000个想法，即使最终只有一个实现了，我也会非常满意。"——Alfred Nobel。

产品在规划之初，面对的是一张白纸，而我们揣着的是一颗热情的心。我们很想在这张白纸上画上所有能想到的东西，并且要所有接触到这张画的人都能喜欢。但是很可能我们得到的是一张凌乱不堪的大杂烩，甚至只是一个草稿。

警惕综合型业务，警惕平台思维。

管理好边界吧，内心的和产品的，各个环节的边界都很重要！

1.2 产品需求管理

输出产品"灵感"的人通常有两种，即对行业陌生的人和对行业过熟的人。这两类人都可能会产生需求管理的想法，然而产生的场景却截然不同。

对于初学者而言，根据工作流程接触市场，开展用户调研时会遇到形形色色的需求。在设计过程中也会遇到多方面的建言而产生产品很复杂的感觉，此时会萌生产品需求管理的想法。

对于有部分有经验的设计人员来说，遇到的完全是另外一种情况。历时半年到一年的产品有幸上线后，产品设计者很有可能会发现自己的产品无人问津，沉睡在下载中心。首批辛苦推广出来的用户也慢慢变成了僵尸，这无疑是会带来强烈的挫败感。此时的他们也会想起产品需求管理这个工具，以帮助自己追溯需求的错配，以及系统的繁杂缘何而来。

1.2.1　为什么需要需求管理

"人多口杂"是在需求调研和需求征集时最直接的感受，一方面提需求的人多，每个人提的需求中都夹杂了部分自己个性化的需求；另一方面，每个人提的需求也多。比较而言，这两种原因中需求来源广泛是最重要的，如以下方面。

（1）用户研究、调研、访谈。

（2）数据分析的数据驱动产品迭代。

（3）老板、创意发起人。

（4）市场部、商务部。

（5）运营团队。

（6）各个渠道的用户反馈。

（7）各阶段头脑风暴的记录。

（8）产品设计团队的创意。

可见需求来源太多，每个环节都会提出自己的需求。先不说如何辨别需求的真伪，单纯的管理需求似乎就成了问题。在实际企业中，典型的需求管理不善产生的问题如下。

（1）需求被跟丢了。

（2）需求开发周期长，需求被忘记。

（3）需求来源渠道不明。

（4）需求太多、太复杂，无从下手，没有树立需求池。

（5）需求由外行人主导。

（6）因为尊重某个人增添的需求。

（7）让人血脉喷张的伪需求。

（8）范围蔓延和功能特征蔓延导致项目进度失控错过市场窗口。

另外，每一个需求必须得到充分重视。设计人员眼里的需求其实就是市场人员手里的产品和整个公司的根基，因此需求管理不善会给公司带来灭顶之灾。

笔者见过的一个例子是小A在所在的公司担任开发工程师，2015年5月他负责的应用商店第1个版本完成了自测。随后灾难来了，由于之前没有需求文档，所以产品经理那边之前也没有说要做成什么样。但产品经理却发话,让小 A 重新按照她设计的样子改版。按照产品经理的要求,小 A 大改了一通,然后拿去给产品经理看,还没等走到产品经理办公室,产品经理就传话,说需求又变了,当前这样不行得改版,按照新需求重新做……几次之后,开发进度完全失控。整个团队白忙了几个月,原本计划 6 月份出产品也拖到了 7 月份。

可到了 7 月中旬,与产品相关的 App 给老板演示得到认可并计划上线投入市场验证。彼时的营销策略是把安装了相关 App 的平板卖给用户,赚取平板上的差价。然后利用平板中的 App 提供的服务再赚用户的钱,可理想是美好的,现实是残酷的。该公司一台平板都没有卖出去,做了半年的产品未产生任何无价值。

由此可见,需求的管理绝对不是一件小事儿,而是关系团队存亡的大事儿,是需要整个团队上上下下都统一认识的意识形态。

1.2.2 需求管理方法

需求管理如同杂物收纳,需要把看起来五花八门、林林总总的杂物整理得井井有条,分得出孰好孰坏。更要便于有需要的人取用,因此必须找到系统化的方法加以管理。

下面结合相对热门的数据类产品,对需求管理的几个考虑角度加以阐述。

1. 体系化需求管理是基础

此时我们可以把需求管理与制作柜子的过程进行类比。可以将整个集团的大数据平台简单地理解为一个大衣柜,里面应该有多少个格子、每个格子该放什么衣物、已经放了多少衣物、还能放多少,以及满足了多少人的日常穿搭等要有相对清晰的认知。

良好的信息化管理会让管理变得直观且易于理解和实施,如图 1-3 所示。

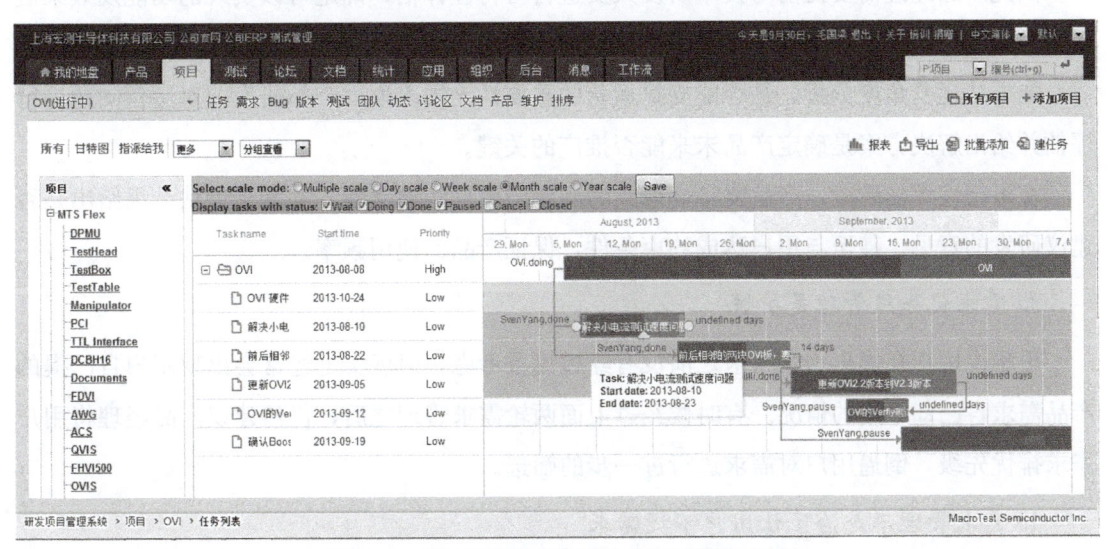

图 1-3 良好的信息化管理会让管理变得直观

例如,对数据产品而言,针对它的数据应用管理相关模块,数据产品经理可以建立一个简单的集团层面数据应用体系。其中包括多个报表、多个看板、多个切片等，以及已经支撑到哪几块的业务数据需求，满足了多少用户的数据需求，还有哪一块的业务数据还没有涉及等。

这些数据应用管理模块可以按业务组织或者业务分析主题来划分，一般数据平台刚建立时采取前者是最方便的。例如，零售行业可以按组织将大数据平台分为线下渠道、线上渠道、商品供应链、财务、人资等。每一块大组织下面有不同的部门，每个部门提报的应用需求安置在对应的组织下面即可。

随着时间的推移，业务部门之间的数据交叉应用会比较多，按组织架构划分已经不太适用。这个时候可以考虑建立一个比较完整的集团层面数据分析体系，将相应的数据应用放在不同的分析主题或场景之中。

体系化管理中必须确保具有"留痕"环节，需求的记录和管理非常重要，这是团队开发流程的基础。

2. 需求可行性评估是保障

很多情况下，产品可行性评估和技术性评估都在产品规划的考虑范围之内，技术性评估是首要考虑因素。然而如果评估过程中以当前技术能开发为标准，产品功能性会大打折扣。因此在可行性评估上，建议在需求层面做得更加多元一些，可以从多个方面进行把握，并需要允许一部分可控的技术风险存在。

如果站在纯技术角度，研发人员说得比较多的一句话就是："只要你给时间，没有开发不出来的需求。"但是在实际项目过程中，时间是有限的，实际交付出来的产品在功能或者页面呈现效果方面，会与用户预期存在较大的差异。

因此产品经理需要提前与技术研发人员进行可行性评估，确定可以实现的功能及效果展现，并与用户确认这样的展现是否能满足他们的需求。

如果从运营角度分析，是否能支撑运营的重要性无须多说，产品研发前对运营问题进行评估并给出解决方案是确定产品未来能否推广的关键。

在可行性评估阶段，产品要将会遇到的问题与用户沟通清楚，并基于评估结果给出是否建议研发的意见。甚至与用户达成约束条件，保证产品的使用频率。

3. 需求优先级管理是护航

很难说用户在提出一个需求之前没有经过慎重考虑，但事实上经常会出现用户自己提的产品需求自己却不用的情况。有时候经过上面两轮需求管理之后，仍然建议产品经理将用户需求排优先级，倒逼用户对需求进行进一步的筛选。

4. 需求管理不是为了让用户不提需求

之所以要做需求管理，绝对不是为了让用户不再提报需求。退一步讲，他们没有需求，企业存在的价值在哪里？所以需求管理很重要，它决定了一个项目能否成功，甚至影响产品的价值及影响力。

需求管理有很多可利用的工具，如禅道、Excel 表格等。不管用什么工具，管理的内容可以分为 3 个类别，即用户需求类、技术类、运营类。需求的管理包括需求策划管理、需求实现管理、需求效果评估管理。通常来说，用户需求管理样表如表 1-4 所示，包含模块、子模块、模块详情和优先级等信息，并清楚备注相应的版本号。

从产品团队对产品的掌控力来说，停留在需求类的是大部门产品经理的角色。而兼顾技术类的则有点偏重项目管理的角色，协调运营类的是产品负责人的角色，可以调动周围几乎所有资源，达成某种目标。

表 1-4 用户需求管理样表

编号	端口	模块	子模块	模块详情	来源	类型	优先级	版本规划
1								
2						优化	高	V2.5.2
3								
4						新增	中	V2.5.5
5								
6								

说明如下。

（1）编号：需求的编号，方便在需求池里管理检索查询。

（2）端口：移动端、PC 端、Web 端、微信小程序、支付宝生活号等，当业务复杂或者产品经理负责的端口较多时，这种需求管理是很高效的。

（3）主要模块：基于端口下的模块，如移动端下、首页、我的、消息、发现等。

（4）子模块：基于主要模块下的子模块，如消息，涉及系统消息、内部 IM 消息、评价消息模块等。

（5）模块详情：需求真实意图描述，如果是比较简单的需求，则直接描述要解决什么问题，否则不仅需要描述要解决的问题，还要记录问题的原因（问题的原因多数情况下需要产品团队刨根问底地询问，以了解实际的用户需求和想解决怎样的用户需求）。

（6）来源：需求的来源。

（7）类型：一般主要是记录此类需求所属的类别，主要需求类别有新增功能、功能改进、体验提升和 BUG 修复等。

（8）优先级：有很多种，如 P1、P2、P3、P4 等或高、中、低等。

（9）版本规划：需求规划的版本号，产品的最高发版权限。

如果说用户需求管理样表通常指的是外部用户所表达的需求，而运营类的需求则是由内部用户，尤其是运营部门提出的。根据这类需求的特点，我们可以制定如表 1-5 所示的产品运营类的管理样表，对相关需求进行管理。

表 1-5　产品运营类的管理样表

产品运营	内容运营	渠道运营
-填入需求-	-填入需求-	-填入需求-

（1）产品运营：上线前后的数据分析，以及汇报给产品经理需要知道的数据信息。要保证数据信息渠道畅通，并协调运营分析结果挖掘潜在的用户行为及驱动产品方向。了解可视化数据以外的细节数据，运用结构化查询语言 SQL 操控数据库中的每一个死角。

（2）内容运营：上线前后的内容供给，以及产品涉及的图片、文案、信息、案例等都需要在需求开发阶段协调内容运营资源进行整理输出，为需求目标的达成提供有力支撑。

（3）渠道运营：除了 ASO、新增、活跃、下载、传包外，还有收集渠道侧的用户反馈，以及提供渠道侧的具有参考意义的数据信息。产品上线前后需要了解需求方向上的信息以输出新的决策。

1.2.3　需求管理告诫

不论是新产品设计还是产品改版，面对新需求有如下 3 种可能。

（1）接受需求变更：项目组赶工尽量追回进度，以及客户索取需求变更的成本和损失，并且承担质量风险。

（2）拒绝项目变更：项目按照原计划进行，客户自己面对市场竞争带来的高商业风险。

（3）拒绝项目变更：项目终止。

所以，我们虽然顾虑需求管理不好，但也不用担心需求无法管理。新需求是否要加以考虑，我们必须要做到心中有数，特别是预防如下 3 个常见问题。

（1）伪需求：这是许多产品开发人员都会犯的一个典型错误，即想当然地认为客户可能需要这个，然后就强加给用户。但实际上，用户可能并不需要这个，或者说需要的是其他。

伪需求的产生通常集中在技术人员或者是准技术人员身上，这类人以小企业主居多。例如，我能解决图像识别技术问题，就会猜想是不是所有机械类表都需要自动抄表。我能做出非常精美的 VR 场景，就会认为人们一定有提升视觉享受的必要。虽然乔布斯说过"不要问客户他需要什么，因为他们根本不知道"，但并不表示需求可以完全抛开用户。

（2）移花接木式需求：通常以"国外是这么做的，所以我们也要这么做"表现出来，这种定义需求的方式有其存活的土壤，如 ICQ 来到中国成就一个腾讯，谷歌来到中国成就一个百度，而 eBay 来得中国之后成就了阿里巴巴，这种成功案例不胜枚举。

但凡事都需要具体问题具体分析，按照 What、Why、How 三部曲的方式思考，"国外（或其他公司）也是这么做"只能够放在 How 中，意思就是当公司决定了要执行这一做法并且需要考虑如何执行时可以参考国外的类似案例，以便得出最佳的解决方案。但是"国外（或其他公司）也是这么做"绝不能作为"我们也要这么做"的原因，盲目跟风带来的只有九死一生。看到国外有 Facebook，于是国内效仿做出了人人网（校内网）、开心网、QQ 校友（朋友网）；看到国外有 Twitter，于是国内效仿做出了新浪微博、腾讯微博、网易微博、搜狐微博等一系列微博产品；看到共享单车火了，现在满大街都是各式各样的共享单车。无一例外，经过市场的考验和时间的洗礼后，能留存下来的只有少数。

（3）朋友圈需求：有那么一类人做事算得上谨慎，在计划一件事之前会进行初步的用户调研。微信朋友圈都出现过买卖物品的情形，生活中朋友成就的业务也有，这种情况算不算用户调研？在此想提醒的是不算，这是因为朋友圈所有的交易都有情感因素在其中。与市场面向陌生客户公开竞争的规则迥异，所以万不可因为一两个成功案例而认定其可以作为能成就公司的产品。

1.3　基线和迭代

在软件工程中专业术语很多，在此仅对基线和迭代稍加介绍。因为这两个概念对于产品设计人员来说最为遥远，而对开发人员来说又最为关键。

1.3.1　基线

软件基线是项目储存库中每个工件版本在特定时期的一个"快照"，它提供一个正式标准。随后的工作基于此标准，并且只有经过授权后才能变更这个标准。建立一个初始基线后，以后每次对其进行的变更都将记录为一个差值，直到建成下一个基线。

基线是软件文档或源码（或其他产出物）的一个稳定版本，是进一步演进的基础。所以当基线形成后项目负责 SCM 的人需要通知相关人员基线已经形成，并且在何处可以找到这个基线的版本，这个过程可被认为对内的发布。至于对外的正式发布，更是应当从形成基线的版本中发布。

参与项目的开发人员将基线所代表的各版本的目录和文件填入自己的工作区，随着工作的进展，基线将合并自从上次建立基线以来开发人员已经交付的工作。变更一旦并入基线开发人员就采用新的基线，以与项目中的变更保持同步，调整基线将把集成工作区中的文件并入开发工作区。

建立基线的三大原因是重现性、可追踪性和报告，重现性是指及时返回并重新生成软件系统给定发布版的能力，或者是在项目中的早些时候重新生成开发环境的能力；可追踪性建立项目工件之间的前后继承关系，目的在于确保设计满足要求、代码实施设计，以及用正确代码编译可执行文件；报告来源于一个基线内容同另一个基线内容的比较，基线比较有助于调试并生成发布说明。

基线分为需求基线、设计基线、产品基线等，有的公司因为项目复杂度的原因按照里程碑划分数量较多的基线。建立基线后需要标注所有组成构件和基线，以便能够对其进行识别和重新建立。

基线这个概念除了应用于开发流程以外，有时也被产品的其他团队借用来取代基准、范围、标杆、里程碑、基本要求或底线等描述，具体意义需要具体问题具体分析。

1.3.2 迭代

小步快跑，快速迭代。迭代思维体现的是一种以人为焦点，迭代、循序渐进的开发方法。它允许有所不足，不停试错，在连续迭代中完善产品，这种思维因为互联网产品的火爆而进入普通人的生活中。

"天下武功，唯快不破"，只有快速地对消费者需求做出反应，产品才更容易贴近消费者。Zynga 游戏公司每周对游戏进行数次更新，小米 MIUI 系统坚持每周迭代，就连雕爷牛腩的菜单也是每月更新。小版本迭代的另一个好处就是降低团队稳定性带来的风险。

迭代思维讲究在"微"上下功夫，从细微的用户需求入手贴近用户心理，在用户到场和反馈中逐步改良。"你以为是一个不起眼的点，但是可能用户认为很主要"，360 安全卫士当年只是一个安全防护产品，后来也成了新兴的互联网巨头。

迭代思维的实践基础就是版本化，软件的迭代从版本号上可以反映出来。例如，V1.0、V2.0 是全新功能，属于大版本，并且平行于主体功能或者在主题功能上做延展；V1.1、V1.2 是对现有功能的提升、改进和优化，属于中版本；V1.2.2、V1.2.3 是对现有功能中某些分支和细节功能的 Bug 修复、文案修复、功能增删等，属于小版本。

典型的例子是特斯拉的无数创新就包含在软件的六大版本中。如果只关注较大的版本更新，其实能够发现特斯拉在软件迭代上的速度并不算慢。根据粗略计算，特斯拉早期的版本平均更新速度是 34 天发布一次，更细微的维护版本更新速度则为平均每 60 天更新一次。

如图 1-4 所示为特斯拉 UI（V6～V9）。

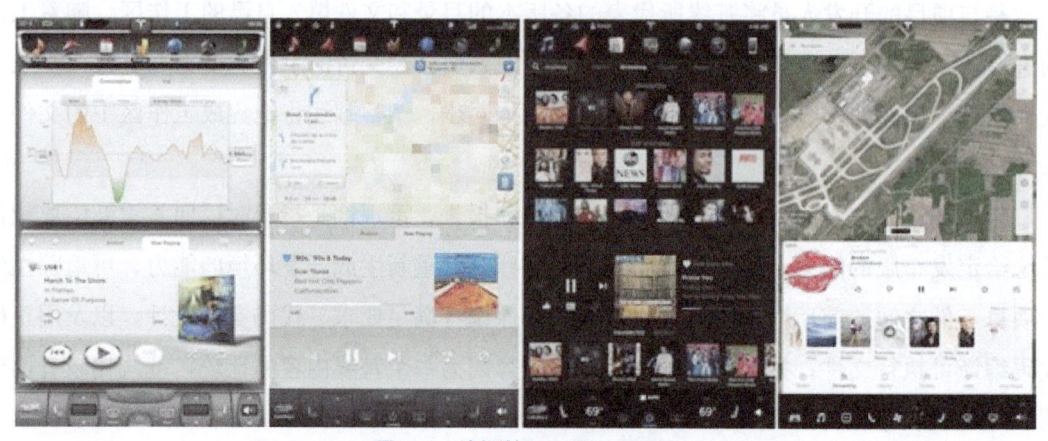

图 1-4 特斯拉 UI（V6～V9）

1.3.3　基线和迭代的关系

基线思维体现的是对版本"留痕"和"可恢复",迭代体现的是版本划分思路,二者都是为软件版本服务。每个迭代阶段最后将所有生效的配置项生成基线,基线按照分类进行组织,特点是每次生成的基线分散属于不同的基线分类(注意列入迭代范围的内容变化不属于基线变更)。

对产品设计人员而言,基线和迭代思想还有其他指导意义,产品必须在完善的路上才会最终抵达符合要求的彼岸。在复杂而受广泛因素影响的产品决策过程中没有基线和迭代思维,产品设计人员可能永远处在调查研究阶段而无法往后推进。

1.4　信息架构可视化

信息架构可视化在一部分学者的研究中被简化成为信息架构组成元素的可视化,如信息编排、数据展示、字体设计、图标的符号化、色彩设计等较易于由可视化技术解决的点,本书中的信息架构可视化则聚焦在架构本身的可视化。

当我们接触到一个完全陌生的软件时,会试图用最少的操作、最短的时间在自己的大脑中形成对该软件的映射,听起来有点像"数据孪生"技术。只不过一个是将实物构建一个纯数字的虚拟映射,而一个是将实物在人脑中形成一个认知中的虚拟映射。这个形成后的映射就是信息架构,因此行内有个说法是写在纸上的都不是信息架构,留在脑中的才是信息架构。

人脑对文字信息的记忆能力相对较差,因为在长期进化过程中人脑最擅长的是用来记忆形状和事件。因此,如果信息架构的组织能借助一些可视化手段,将会有效缩短新用户的学习时间,并提高用户体验和易用性。

信息架构可视化的真正重心一是共享信息环境的结构化设计;二是网络和企业网络的组织系统、标签系统、搜索系统,以及导航系统的组合;三是创建信息产品和体验的艺术和科学,以提供可用性和可寻性;四是一种新兴的实践性学科群体,目的是把设计和建筑学的原理带进数学领域中。

信息架构可视化这门科学目前还处在探索阶段,在此介绍的方法权当抛砖引玉。

1. 采用用户熟知的可视化结构

在《知其所以然——UI设计透视》一书的相关章节中我们介绍了信息架构的常用结构有层级结构、自然结构、线性结构和矩阵结构,相对来说,最易于接受的是层级结构和线性结构。层级结构和线性结构的信息可视化如图1-5所示,二者在现实生活中都有常见的结构。面对这种结构，人们产生的预期与现实的结构正好匹配，因此这种结构也最能让人理解。

图 1-5 层级结构和线性结构的信息可视化

例如，支付宝在展示信息时一级目录采用了底部的页签，用户很自然地会在大脑中形成信息的 5 个页面。接着每个页面内的信息又通过颜色和字号区分成了几个子区域，零散和不容易摆放的按钮则统一收纳于"更多"中。如同眼前排开一列柜子，每个柜子又有一列抽屉。具体关心的信息藏于一个个抽屉中，单纯和常用的结构成功地在用户脑中勾勒出了容易把控的信息架构。

而"派乐趣"App 的订单状态展示则用了办事流程中最常用的线性流程，一个步骤的完成会激活后续流程。没有激活的流程并不会妨碍用户思考问题，单向而规整的线性流程可以在用户头脑中迅速构建起相关的信息架构。

2. 用好站点地图

站点地图也称为"网站地图"，是一种指明信息资源方位与联系并且具有导航功能的可视化工具。例如，国家知识产权局站点地图如图 1-6 所示。

图 1-6　国家知识产权局站点地图

站点地图的关键在于信息的获取、检索、表示和关联 4 个方面，简而言之，就是以类似地图的形式将主页的信息按照类目罗列起来并提供相应的链接。它可以为用户提供主页的整体信息，是用户准确找到自己所需信息的快速入口。

在 Web 1.0 时代，站点地图是门户网站必备的工具。然而随着 Web 2.0 时代开启，富媒体展示占据主流，原本为了解决人们搜寻信息问题的互联网转变成了以多媒体内容消费为主的展示端。这些低技术型用户冲淡了互联网的科技特性，站点地图也渐渐不为人所用，退化成 SEO 的工具之一。

3. 善用拟物元素

可视化的核心思想在于根据上下文用拟物的方式，将其与现实世界中的事物联系在一起。拟物化在图标设计、数据展示、LOGO 等多个具体领域广泛应用，还可以用在信息架构的展示上。

陌生人进入一个商场，如果为了逛街，还好说，如果为了找人，则必须能在脑中迅速构建一个楼层映射图。途中楼层架构便于用户更好地找到自己想买的东西，至少是很清晰地知道每一层有什么商品及同一层商品怎么分布等信息。在这里设计师的作用就是规划好这些楼层信息层级，主要做的工作就是分类、层级梳理等。在这种展示方式面前，访问者可以迅速构建从地下 1 层到地面第 5 层的空间关系，然后高效地找到目的地。如图 1-7 所示的商场信息展示就较好地解决了用户面对未知的建筑物最大的疑惑，即整体布局和具体定位。

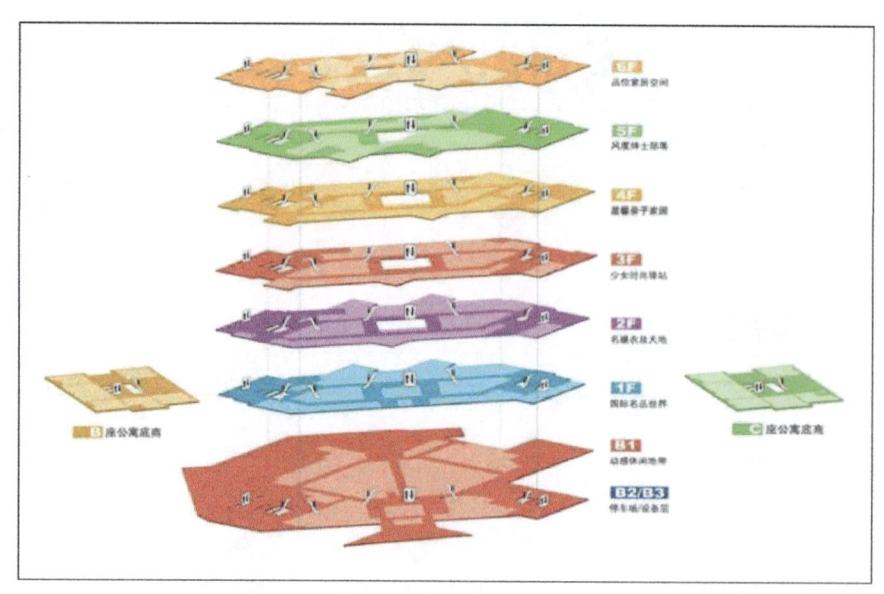

图 1-7　商场信息展示

对于国际物流或者全球办公地点展示和介绍这样的纯文字信息，可以按常规的树状架构图构建，但是一方面很枯燥，另一方面用户对于关心的区域只能通过文字搜索的方式查找。如果使用图的方式，则用户可以不假思索地定位到关心的区域，并查看其详细的文字介绍信息。

1.5　产品质量清单

我们在评价硬件产品时的核心判据就是质量，而奇怪的是对应用软件则很少提质量这个词。事实上，软件质量是软件工程中明确定义的一个专业词语，指"软件与明确地和隐含地定义的需求相一致的程度"。更具体地说，软件质量是软件与明确地叙述的功能和性能需求、文档中明确描述的开发标准，以及任何专业开发的软件产品都应该具有的隐含特征相一致的程度。从管理角度对软件质量进行度量，可将影响软件质量的主要因素划分为 3 组，分别反映用户在使用软件产品时的 3 种不同倾向或观点，即产品运行（正确性、健壮性、效率、完整性、可用性、风险）、产品修改（可理解性、可维修性、灵活性、可测试性）和产品转移（可移植性、可再用性、可运行性）。

随着移动互联网的兴起，特别是 2014 年起手机端搭载的 App 爆炸式增长后，软件工程行业涌入大量的非科班出身的工程师。大量有为青年在经过 2～3 个月的培训班训练后，走马上任成了移动应用开发工程师。估计这就是"产品质量"提法弱化的根源之一，人们更习惯用普罗大众都能理解其内涵的"用户体验"来代替产品质量的提法。

1. 体验是公司的命门

体验是公司的命门，它不仅仅是单个产品的命门，决定的不单是一个产品的成败。我们在讨论体验时常常会聚焦在某个产品上，很少把它当成一种实实在在的心理感受。实际上体验如同你与某个朋友之间的感情，如果这个朋友因某件具体的事情得罪了你，你很难保证自己对他的感觉会真正做到就事论事，它是能传染的。

即使李彦宏是一名技术型才子，当他面对下面这则新闻时也很难想到处理办法。一个21岁的年轻人、西安电子科技大学大学计算机系学生魏则西因患有罕见的滑膜肉瘤晚期而从百度上了解到武警北京总队第二医院有一种号称与美国斯坦福大学合作的肿瘤生物免疫疗法，在对生的极度渴望下借钱完成治疗后，却发现不仅没有效，反而发生了肺部转移，最终魏则西去世了。

去世之前魏则西曾在回答知乎上"你认为人性最大的恶是什么？"时，描述自己得病和治病的过程，其中最重要的一句是"百度"。当时根本不知道有多么邪恶，医学信息的竞价排名，还有之前血友病吧的事情，应该都明白它是怎么一回事。

魏则西的死直接导致了2019年7月3日，在百度的AI开发者大会上身为百度创始人的李彦宏正在演讲，突然一个人冲上台浇了他一瓶冷水。如果这仅仅是针对个人人设的控诉，那么当时百度市值暴跌至448亿美元。差不多为阿里巴巴的1/10，低于美团452亿美元！在这则消息下面，读者的评论（见图1-8）也很值得玩味儿。

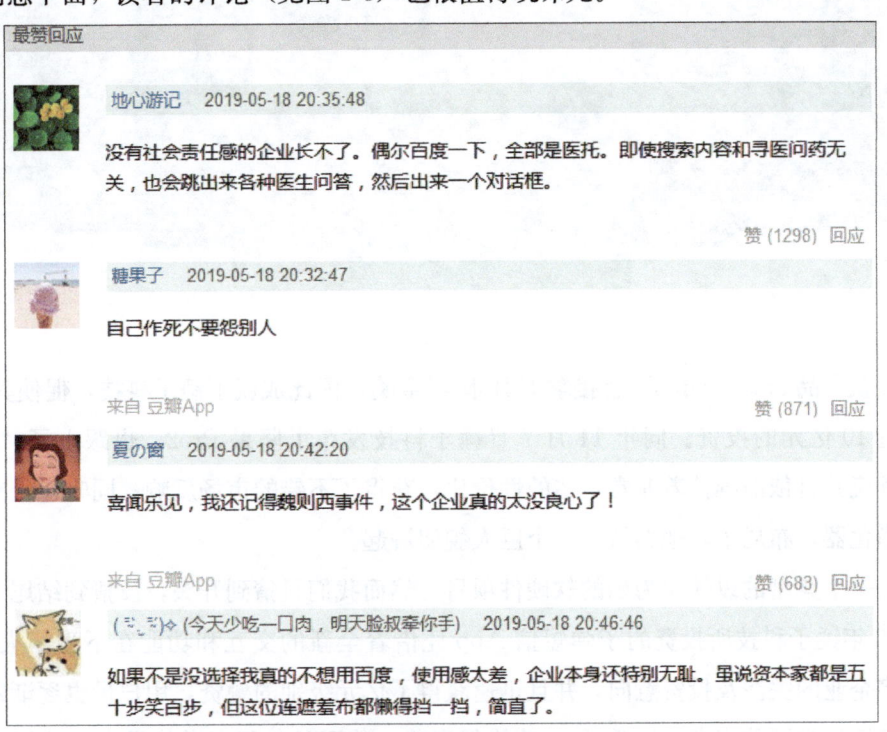

图1-8 读者的评论

可想而知，百度搜索排名业务的问题最终影响了不仅仅是百度搜索，还影响了百度包括地图在内的所有产品线。体验是一种情感，并不仅仅是有着固定评分标准的考评。企业的生死决定于用户体验的好恶，一旦用户拿起武器发起猛攻，你所有的产品都难以幸免。

任何希望真正做到以设计为导向的公司都有责任将客户体验状况视为公司生存的晴雨表，是公司的命门，在许多案例中都如此。

2. 以体验为始，以体验为终

锤子手机面世时，贯彻罗永浩精神的宣传团队推出一系列宣传文案，瞄准的只有体验。宣传海报中大量体现了对当时手机体验的各种不满及各种吐槽，引发大量重视用户体验的用户共鸣。当然说的要婉转得多，即创新源于"不满"。如图1-9所示为多个款式的手机操作系统界面，用罗永浩的点评来说，就是"5年半啦，每天面对满屏幕的圆角矩形图标，不腻歪吗"。

图1-9 宣传海报

第1款产品smartisan T1直接拿下IF国际金奖，因此成就了锤子科技，促使其于2017年获得近10亿元的投资。同年11月7日锤子科技发布了坚果Pro2，也跟上了"全面屏"的设计潮流并且依旧维持着非常不错的性价比，获得了不错的市场反响；同时还带来了畅呼吸空气净化器，布局了其他领域，一个巨人貌似崛起。

这是一个典型的以体验为始的软硬件项目，然而我们只猜到开头，没猜到结尾。

2018年锤子科技所投资的子弹短信App凭借着全新的交互和功能在下半年火了一把，受到诸多企业的关注及投资意向，并且迅速获得了亿元级别的融资，用户量也逐渐攀升，但不久也渐渐失去了的声音。这款App功能很完善，甚至具备很多微信没有的功能，操作体验非常流畅。但问题就在于即便很多人在用子弹短信,我们也无法脱离微信这个社交圈,以及它的快捷支付功能,所以慢慢地很多人又用到了微信。虽然现在"子弹"还在飞,但究竟能飞多远并不知道。

2018年11月,锤子科技在成都举行的"没有手机新品的发布会"已经是穷途末路。尽管发布了畅呼吸智能落地式加湿器、畅呼吸智能桌面式加湿器、大卫和希瑞高级智能音箱D1、地平线8号商务旅行箱及坚果R1孔雀蓝特别版等新品,但依旧无力回天。

成也萧何,败也萧何。

你必须了解客户,乔布斯就对其客户了如指掌,并且一直非常重视。苹果公司的核心客户群很小,但都是能够领导消费的群体。这就是为什么iPhone能够风靡全球,即便是老一代人也对它爱不释手的原因。

即便是乔布斯或任何本书所描述的个人或公司都应该清醒地认识到要不断地重新认识、应用和体验客户的世界;否则再好的产品都会降级。对于一个企业而言,这是一个永恒的生存之道。

因此对体验的推陈出新和不断满足用户变化的需求是让产品永葆青春的秘诀,简而言之,产品必须以体验为始,以体验为终。

3. 把自己当作用户

"任正非承认,他的家人使用苹果手机,尽管苹果是华为产品的直接竞争对手。他认为,苹果创始人乔布斯是一名改变了人类社会的伟大人物。"这则新闻的价值在于主角是任正非,即华为手机的老板。无疑会引起轩然大波。

如图1-10所示为华为孟晚舟新闻。

图1-10 华为孟晚舟新闻

体验自己的产品并为自己产品代言这是通识,是自信,也是观察和优化自己产品用户体验的捷径。奇瑞集团董事长、总经理尹同跃的座驾是瑞麒G6,原因肯定不是他买不起更贵的车。但是作为公司总经理,他必须作为用户亲自体验自己的产品。在被问为什么要开这款车时,他回答"我必须是奇瑞所有产品的检验员、工程师、销售员,G6从原型车起我已经自己试开了几千公里,检验了一年多了"。

因此要想做出成功的产品,产品设计团队和公司相关人员必须把自己当成用户去创意、去尝试、去验证。只有这样达成了正反馈才能让相关人员了解到体验的重要，并将此铭记于心，这对经营至关重要。

4. 为产品创建质量保证清单

软件质量保证（SQA）是建立一套有计划、有系统的方法来向管理层保证拟定提出的标准、步骤、实践和方法能够正确地被所有项目所采用，保证的目的是使软件过程对于管理人员来说是可见的，它通过对软件产品和活动进行评审和审计来验证软件是否合乎标准。软件质量保证组在项目开始时就一起参与建立计划、标准和过程，以使软件项目满足机构方针的要求。

上述说法对于占比最大的中小型软件产品未必适合，为此我们将提出轻量级的质量保证清单协助达成软件产品质量。

软件质量保证的关注点集中在于开始就避免缺陷的产生，质量保证主要目标如下。

（1）事前预防工作，如着重于缺陷预防，而不是缺陷检查。

（2）尽量在刚刚引入缺陷时即将其捕获，而不是让缺陷扩散到下一个阶段。

（3）作用于过程，而不是最终产品，因此它有可能会带来广泛的影响与巨大的收益。

（4）贯穿于所有的活动之中，而不是只集中于一点。

我们给出的清单如下。

（1）针对产品质量6个品质要素（正确性、可靠性、易用性、效率、可维护性、可移植性）分别制定子流程进行确认，流程中的审查点必须考虑本公司产品进行适当增减。

（2）重视各阶段评审，需要评审的活动很多，包括里程碑、基线、SCM和SQA工作评审等。需要注意的是中小型软件公司未必会形成完善的部门机构，因此需要注意虽然没有相关的机构，但是相关事项必须要落实到位。

（3）加强各阶段测试，有条件的应当发布测试执行准则。

（4）采集与质量相关的运营数据并分析质量问题成因，形成管理闭环。

举例来说，要创造出卓越的基于Web的软件，应当保证其高品质。针对产品质量的6个品质要素，我们挑选出其中最为重要的7个要点，如图1-11所示。

> （1）遵循用户在Web上的交互方式，重点是用户的行为，而非针对某个特定用户。
> （2）只提供用户所需的功能。
> （3）符合用户的心智模型。
> （4）帮助用户迅速入门，尽快成为中级用户。
> （5）尽量避免出错，并且很容易从错误中恢复过来。
> （6）拥有一致的界面元素并能平衡无规则的元素。
> （7）将混乱降到最低限度。

图1-11 最为重要的7个要点

上述每一项要点都是人机交互、可用性测试与用户满意度调研的结果，这些要点经常为用户所忽略，因为好的软件正是要让用户感觉不到它的存在。它们满足用户所需，而自己在后台良好地运行即可。值得庆幸的是可记录的并不只是上述几项，如果你善于发现，还可以对它进行拓展。

1.6 产品评审维度清单

评审对于保障开发进程至关重要，每个阶段结束时都应进行评审，评审结果是决定项目是否可以进入下一个阶段的关键指标。

1.6.1 策划期后的评审

一般来说，策划期后的评审至少包含需求分析、产品开发、上线前准备 3 个大的阶段及策划期后的 6 个小阶段，如表 1-6 所示。

表 1-6 策划期后的评审

评审点	评审人员	评审文档	评审内容
需求调研评审	(1) 用户 (2) 管理人员（PM） (3) 软件开发人员 (4) 质量管理人员	(1)（初步）需求规格说明书 (2)（初步）项目开发计划	(1) 用户需求调研的完备性（关键需求点及潜在需求点） (2) 用户需求深度的（准确）界定性，需求实现的周期性 (3) 初步的项目开发计划（资源、周期、模式）
软件需求评审	(1) 软件开发人员 (2) 用户 (3) 管理人员 (4) 标准化人员 (5) 特邀专家 (6) 质量管理人员	(1) 软件需求说明书 (2) 数据要求及数据字典 (3) 项目开发计划	(1) 软件需求说明书是否覆盖了用户的所有要求 （用户需求调研报告及软件需求说明书） (2) 软件需求说明书和数据要求说明书的明确性、完整性、一致性、可测试性、可跟踪性 （软件需求说明书、数据流图和数据字典） (3) 项目开发计划的合理性 （用户方、公司技术委员会和项目组，包括 QA 等） (4) 文档是否符合有关标准规定（包括公司的 ISO QMS 有关规定）
概要设计评审	(1) 软件开发人员 (2) 管理人员 (3) 标准化人员	概要设计说明书	(1) 概要设计说明书是否与软件需求说明书的要求一致（概要设计、软件需求规格说明及对比测试） (2) 概要设计说明书是否正确、完整、一致 (3) 系统的模块划分是否合理 （逻辑上、系统后期拓展上和用户应用需求上） (4) 接口定义是否明确 (5) 文档是否符合有关标准规定

续表

评审点	评审人员	评审文档	评审内容
详细设计评审	（1）软件开发人员 （2）管理人员 （3）标准化人员	（1）详细设计说明书 （2）测试计划 （3）数据库设计说明书	（1）详细设计说明书是否与概要设计说明书的要求一致（概要设计与详细设计的测试） （2）模块内部逻辑结构是否合理，模块之间接口是否清晰 （3）数据库设计说明书是否完全，是否正确反映详细设计说明书的要求 （4）测试是否全面、合理（测试计划） （5）文档是否符合有关标准规定
测试阶段评审	（1）软件专家组成人员（管理人员） （2）软件测评单位 （3）科研计划管理人员 （4）开发组成员 （5）业主单位代表	（1）软件测试计划 （2）软件测试说明	（1）软件测试说明对各测试用例进行详细的定义和说明，审核测试用例、环境、测试软件、测试工具等准备工作是否全面、到位 （2）在测试过程中填写"软件测试记录"，发现软件问题，则填写"软件问题报告单"。测试记录包括测试的时间、地点、操作人、参加人、测试输入数据、期望测试结果、实际测试结果及测试规程等
验收评审（鉴定）	（1）软件开发人员 （2）用户 （3）管理人员 （4）标准化人员 （5）承办方与交办方的上级领导	成套文档	（1）开发的软件系统是否已达到软件需求说明书规定的各项技术指标 （2）使用手册是否完整、正确 （3）文档是否齐全，是否符合有关标准规定

1.6.2 策划期的评审

对于企业而言，成立公司或者为某个项目立项就意味着组建一个相对独立的团队，就会产生额外的成本。即便项目停止或者取消，这些成本也不会突然停止扩大，照样会依据惯性进一步加剧损失。

为此，本书将策划期的评审以前所未有的高度提出，并力求做到无遗漏、无死角。这个阶段的评审可以从 7 个维度进行质询和拷问，如果 7 个维度均能得到可接受的解答，那么这个方案就可以认为除了不可抗力的市场突变之外，不会有其他黑天鹅事件发生。

1. 基于运营 AARRR 模型

AARRR 模型是经典模型之一，如图 1-12 所示。其中各个字母的意思分别是获取用户（Acquisition）、提高活跃度（Activation）、提高留存率（Retention）、获取收入（Revenue）、自传播（Refer）。

1）获取用户（Acquisition）

运营一款移动应用的第 1 步毫无疑问是获取用户，也就是人们通常所说的推广。如果没有用户，就谈不上运营。

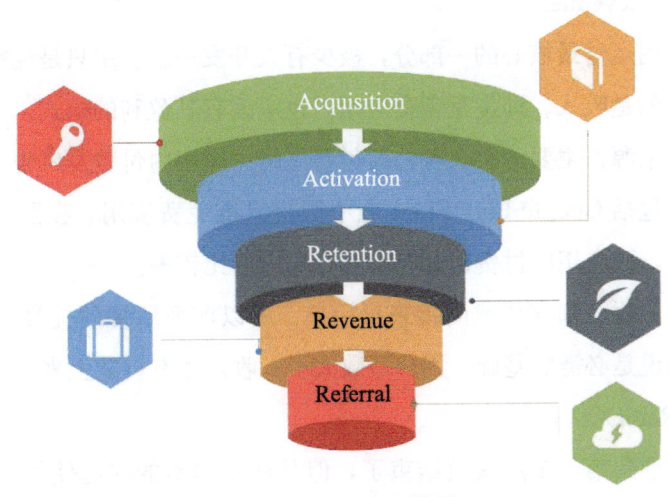

图 1-12　AARRR 模型

2）提高活跃度（Activation）

很多用户可能是通过终端预置（刷机）、广告等不同的渠道进入应用的，即被动进入的。如何把他们转化为活跃用户是运营者面临的第 1 个问题。

当然其中一个重要的因素是推广渠道的质量，差的推广渠道带来的是大量一次性用户，也就是那种启动一次后再也不会使用的用户。从严格意义上说，这种不能算是真正的用户。好的推广渠道往往是有针对性地圈定了目标人群，由此带来的用户和应用设计时设定的目标人群有很大吻合度，这样的用户通常比较容易成为活跃用户；另外，挑选推广渠道时一定要先分析应用的特性（如是否小众应用），以及目标人群。一个对别人来说好的推广渠道，却不一定适合你。

另一个重要的因素是产品本身是否能在最初使用的几十秒钟内抓住用户，再有内涵的应用如果给人的第一印象不好，也会"相亲"失败而成为"嫁不出去的老大难"。

此外，还有些应用会通过体验良好的新手教程来吸引新用户，这在游戏行业尤其突出。

3）提高留存率（Retention）

有些应用在解决了活跃度的问题以后，又发现了另一个问题。即用户来得快、走得也快，有时候我们也说是这款应用没有用户黏性。

我们都知道通常保留一个老客户的成本要远远低于获取一个新客户的成本，所以狗熊掰玉米（拿一个丢一个）的情况是应用运营的大忌。但是很多应用确实并不清楚用户是在什么时间流失的，于是一方面不断地开拓新用户；另一方面又不断地大量流失用户。

解决这个问题首先需要通过日留存率、周留存率、月留存率等指标监控应用的用户流失情况，并采取相应的手段在用户流失之前激励这些用户继续使用应用。

留存率与应用的类型也有很大关系，通常来说工具类应用的首月留存率可能普遍比游戏类的首月留存率要高。

4) 获取收入（Revenue）

获取收入是应用运营最核心的一部分，极少有人开发一款应用只是纯粹出于兴趣，绝大多数开发者最关心的是收入。即使是免费应用，也应该有其盈利的模式。

收入有很多种来源，主要的有 3 种，即付费应用、应用内付费及广告。付费应用在国内的接受程度很低，包括 Google Play Store 在中国也只推免费应用。在国内，广告是大部分开发者的收入来源，而应用内付费目前在游戏行业应用比较多。

无论是哪一种，收入都直接或间接来自用户。所以前面所提的提高活跃度、提高留存率，对获取收入来说是必需的基础。用户基数大了，收入才有可能上来。

5) 自传播（Refer）

以前的运营模型到第 4 个层次就结束了，但是社交网络的兴起使得运营增加了一个方面。即基于社交网络的病毒式传播，这已经成为获取用户的一个新途径。这种方式的成本很低，而且效果可能非常好，唯一的前提是产品自身要足够好，有很好的口碑。从自传播到再次获取新用户，应用运营形成了一个螺旋式上升的轨道。而那些优秀的应用就很好地利用了这个轨道，不断扩大自己的用户群体。

基于 AARRR 模型，我们可以制定出此维度的分析表，并针对具体讨论的项目初步确定相关指标（见表 1-7）。这些指标是其他维度进行评审的数据基础，解决讨论过程中最常出现的空谈现象。

表 1-7 AARRR 模型的典型指标

条目	说明	指标
A	获取用户包括展示给用户及诱惑用户等环节，能有效反映本公司推广渠道的质量	获取用户的数量 获取用户的质量
A	是否能在最初使用的几十秒钟内抓住用户，可综合反映本公司产品的设计质量	DAU（日活跃用户） MAU（月活跃用户）
R	减少客户流失，反映出该产品的用户黏性	日留存率 周留存率 月留存率
R	收入是应用运营最核心的一部分	ARPU（平均每用户每月收入） ROI
R	口碑营销在软件平台上的一个展现，反映出产品的病毒性	获客数量的增长率

2. 基于业务流程

软件服务的本质还是服务，与卖房子、教书、就餐等服务没有太大区别。比如一款常用的消费类 App，产品的服务流程可以如图 1-13 所示划分成 8 个环节。

注册 → 获取服务 → 服务辅助 → 用户反馈 → 活动发布 → 数据分析 → 法律风险 → 现金流向

图 1-13　软件产品的服务流程

随着互联网变成现代生活必备的工具，原本为了解决信息孤岛所需要的单机版软件越来越少，越来越多的软件以服务形式出现。

就像使用自来水拧开水龙头即可，而不需要自己挖水井、架抽水机、建水塔、铺水管、净化水等，这些事都是自来水厂的事。例如，腾讯企业邮箱就是 SaaS 应用软件注册购买即可。不需要我们购买邮件服务器，更不需要安装邮件服务软件。

SaaS 的发展已然是公认的未来的一种趋势，因此有必要根据业务（服务）的基本流程来对软件服务进行评估并查找疏漏。

业务流程若存在缺陷，等同于向全球互联网敞开大门引诱内部人员。或者干脆助纣为虐帮助黑客或不怀好意的内部人员为非作歹，因此业务流程的每个环节必须严加推敲。

3. 基于项目决策

项目决策即针对项目和项目方案的最后选择和决定，决策过程中需要依据 5W2H、SWOT、PEST 等科学方法展开综合评估。

5W2H 分析法又称为"七问分析法"，是二战中美国陆军兵器修理部首创。简单、方便且易于理解及使用，富有启发意义，广泛用于企业管理和技术活动。对于决策和执行性的活动措施也非常有帮助，也有助于弥补考虑问题的疏漏，如图 1-14 所示。

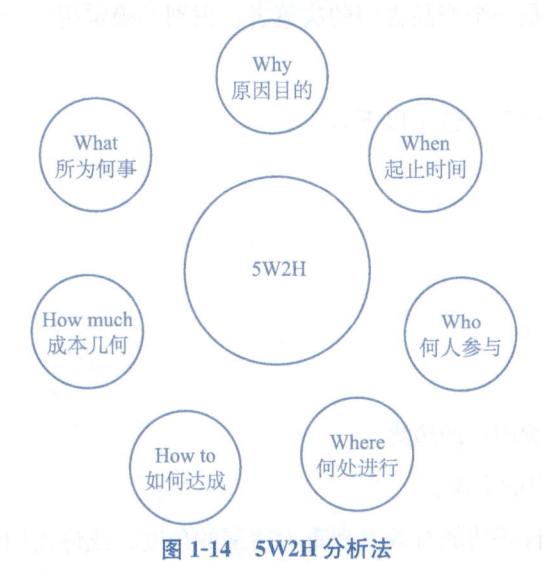

图 1-14　5W2H 分析法

SWOT 分析法即态势分析法，就是将与研究对象密切相关的各种主要内部优势、劣势和外部的机会和威胁等通过调查列举出来并依照矩阵形式排列。然后用系统分析的思想把各种因素相互匹配加以分析，以从中得出一系列相应的结论，而结论通常带有一定的决策性。

SWOT 分析法如图 1-15 所示。

PEST 分析是指宏观环境的分析，P 是政治（Politics），E 是经济（Economy），S 是社会（Society），T 是技术（Technology）。在分析一个企业集团所处的背景时，通常是通过这 4 个因素来分析其所面临的状况。

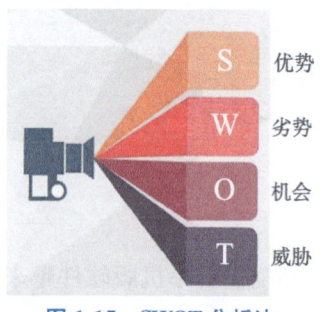

图 1-15 SWOT 分析法

PEST 分析如图 1-16 所示。

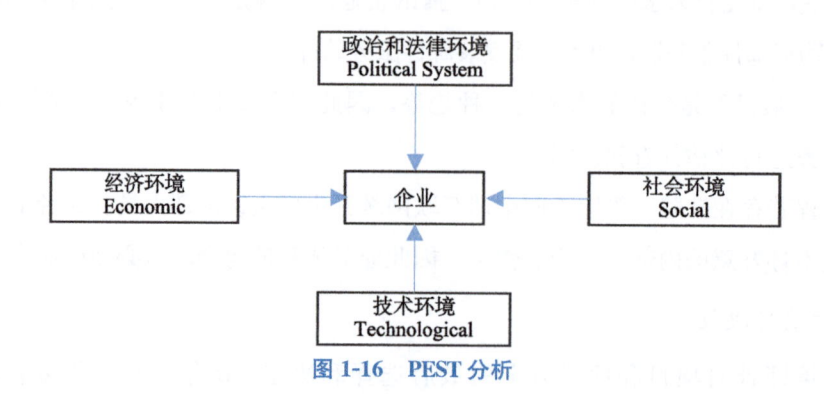

图 1-16 PEST 分析

PEST 分析最容易被决策者遗忘或者有意绕过，"E 租宝"和很多涉嫌赌博的棋牌类游戏公司均是栽在政治和法律环境约束上的典型案例。

4．基于用户角色

真正的终端用户才是一个产品去留的决策者，识别并确定用户角色是设计产品和掌控需求的基础。

用户角色的评审维度至少包括以下方面。

（1）识别/划分。

（2）用户画像。

（3）关键需求整理。

（4）用户认受度调查。

（5）用户调研。

（6）付费用户、免费用户的边界。

（7）100 个种子用户的来源。

从用户角色维度进行评估能有效发现重大遗漏的角度，或许人们认为这些都是能考虑到的细节，但是不要忘记没有文档进行确认的产品是永远没有100％把握的产品。

央视财经《经济信息联播》栏目曾报道，2019年6月辽宁沈阳某高档小区一位姓林的业主发布视频说自己花15 000元每平方米买的新房子，收房时却发现房子没有进户门。当他找到开发商要说法时，居然被告知从窗户进去。

盖房子都可能忘记留门，何况做软件。在实际课堂中，笔者见过无数个学生团队策划的软件没有留管理员用户，以及没有给用户权限操作核心功能等。

5. 基于使用场景

产品的易用性与使用场景强相关，在产品评审时必须结合使用场景考虑，而不是千篇一律地考察模板。使用场景的决定因素如下。

（1）年龄：老人、青年、小朋友。

（2）环境：理想、混乱、嘈杂。

（3）用户的体态：单手、双手、晃动。

（4）对错误的容忍度：零，接受偶发。

（5）网络状态：2G、3G、4G……

（6）屏幕大小：小屏、中屏、大屏、超大屏。

试想，如果为公交车司机设计的软件只靠文字提醒会带来多么差的体验。在嘈杂和充满噪音的环境里，双手又必须握住方向盘，此时再重要的信息都会注意不到。

1.7 课后习题

1. 以微信、QQ、钉钉、Skype、Whatsapp为例，分别整理其产品边界。

2. 以中国市场的互联网企业为例，找出你认为最典型的产品需求管理失控的案例，并详细说明。

3. 用可视化方法完成一款软件的信息架构（软件自定）。

4. 选定一款市场已有的应用，组织一场产品评审会，要求交付如下文档。

①产品及产品需求。

②评审会安排。

③评审结论。

④评审结果验证（期中交付）。

第 2 章 将体验系统化

对产品来说，用户体验是被广泛推崇的特性。虽然人们都认为体验很重要，但是鲜有人系统地对体验进行阐述并提出实施方案。要探索确定的体验实现方案，就必须尝试进行系统化。只有系统化才能保证结果的可靠性，才能洞见具体行为的漏洞和当时思维的重大漏洞，才能给改进提供明确的路径。

系统化的进行必须依赖一个三角结构，即体验供应链、互动点以及将供应链和互动点整合以后提供用户体验背后的体验传达。这个三角结构在业内还属于构想阶段，笔者作为先行者尝试提出并将其系统化。

2.1 视觉之外

根据美国哈佛商学院有关研究人员的分析资料，人的大脑每天通过 5 种感官接受外部信息的比例分别为味觉 1%、触觉 1.5%、嗅觉 3.5%、听觉 11% 以及视觉 83%。

显而易见的是，视觉设计决定了用户在使用产品时对其产生的第一印象。研究表明，用户只需要 50 ms 即可对一个产品产生第一判断，这个速度也许快得有些令人吃惊。然而事实是视觉设计不仅是用户对产品的第一印象，甚至可以被认为是对产品最重要的印象。正因为如此，几乎绝大部分 UI 设计团队都把所有精力投放在了视觉方面。

视觉设计虽然是衡量产品的核心标准，但在优美的插画和图形、有意思的排版、让人共鸣的图标、有说服力的颜色、舒服的间距和布局之外，还有很多其他虽小却很重要的细节。这些细节往往借用了余下的 1% 味觉、1.5% 触觉、3.5% 嗅觉和 11% 听觉，却产生了惊艳的效果。

2.1.1 听觉

听觉是产品的用户体验中很重要的一环，我们所接触的很多产品都搭配了精心设计的声音。例如，按下按钮的咔哒声、关闭车门的碰撞声、相机的快门、手机的提示音等。尤其在人机交互中声音可以帮助产品准确传达信息，如许多家电不具有显示屏，但电器的故障音能让用户在第一时间就意识到机器出现故障，有时比显示屏提示更迅速。声音还可以表达情感、展现品质，如摩托车发动机的轰鸣声有强大的感染力，能唤起人们对风驰电掣的向往。可见产品的声音和产品的外观一样，是产品的固有属性，也是用户接收到的信息，同样需要被设计，以满足用户的体验需求。

1. 树立品牌

一段"丢丢丢"，就能把你拉回了童年；简单的"羊羊羊"，就能让你想到恒源祥；"嘀嘀嘀嘀嘀嘀"会让你脑中浮现一只企鹅的图像……这就是声音带来的魅力。声音或许在大部分情况下都只是配角，但是在容易用视觉触达的领域，声音就是连接产品和用户情感的纽带。

如图2-1所示为一听"丢丢丢"就会想起的画面。

图2-1 一听"丢丢丢"就会想起的画面

2. 情感助攻

"我要有我自己的专属BGM（背景音乐）"，这是曾经在网上走红的一个说法。

人人都希望有个完美的出场。其中至关重要的就是气势，就是声音。很多时候我们都需要音乐来助攻，经常吃快餐的人知道麦当劳最喜欢放快节奏的歌。这种环境下人进食速度会不由自主加快，提高翻台率；而各种清吧就必须要放慢歌，因为只有这样才能烘托出轻松、暧昧和自由自在的感觉；摄制战争片必须要搭配枪炮声和爆炸声；李小龙的功夫一定伴随着怪啸……

在烘托氛围和情感表达时，声音通常分为伴随产品运行而发出的伴随音，以及人为且故意参与人机交互的设置音，还有直接表达语音的提示音。在设计这一类的声音时，我们需要遵从以下原则。

（1）声音物理特征符合人体生理所能接受的响度、音调、节奏、持续时间等，响度过大易导致生理不适和抑郁情绪；响度过小则缺少效率。研究显示低音给人滞重感，高音给人轻盈感；快速的节奏让人感到急促，慢速的节奏让人感到拖沓，这些特性都会对用户的情绪造成直观的影响。

（2）声音承载的信息符合大众认知，如常见的杯子被打碎的声音、煎鸡蛋的声音、开锁的声音等，这类声音已成为常识。在设计中使用这类自然音，不能违背常识，以免产生误解。需要注意的是由于文化背景的不同，人们对声音的认知存在差异。例如，佛堂中和尚敲击木鱼的声音对于生活在佛教影响较大的文化背景中的亚洲人来说，可能瞬间就能意识到。即声音来自佛堂里的木鱼，这里的信息是复杂的。但对于基督教文化背景的欧洲人来说，可能就只是敲击木材的声音了。所以在选择听觉界面的声音时，要考虑文化背景下目标用户能否解码声音信息，不能使用户产生疑惑。

(3) 声音间隔合适，若同时或接连听到两个声音，会使人产生疑惑而需要时间分辨。可能时间不长，但仍然使用户在使用过程中产生了停顿，用户体验打了折扣。

(4) 选用声音作为提高用户体验的场景必须考虑该场景下用户的注意力是否集中。

3. 传送数据

听觉实质上是声波在起作用，所以声音在参与产品的过程中除了树立品牌和情感助攻之外，还有传送数据等功能。例如，支付宝利用声波实现支付，以及手机 QQ 浏览器"啾啾"利用声波分享数据。这些产品提供的新颖体验，所用的声波并不是人耳容易听到的波段，因此提供了安全便捷跨平台的工具。而声纹作为鉴权的一种方式，又为软件安全性提供了一种特别的途径。有效而合理地使用声波，所带来的新体验是视觉设计所不能做到的，非常值得我们在实践中尝试。

2.1.2 行为

伴随着小米的成功，参与感在用户体验设计环节被放到了至关重要的位置。参与感被看重的表面原因如同小米联合创始人黎万强所说："互联网思维核心是口碑为王，口碑的本质是用户思维，就是让用户有参与感。"而本质上，参与感带来的成就感是荷尔蒙层次的激励。

行为就是参与的唯一方式，参与感指的是在商品或者服务的生产或者传递的过程中，顾客必须要提供相应的活动或者资源（包括心理、时间、情感、行为等付出）才能顺利享受服务的感受。而行为是所有资源中的唯一显性因素，因此不难理解其重要性。

行为的重要性同样得到马斯洛需求层次理论（见图 2-2）的佐证。人的最高等级的需求源自"自我实现"，即通过自己的行为，参与并获得成就感。

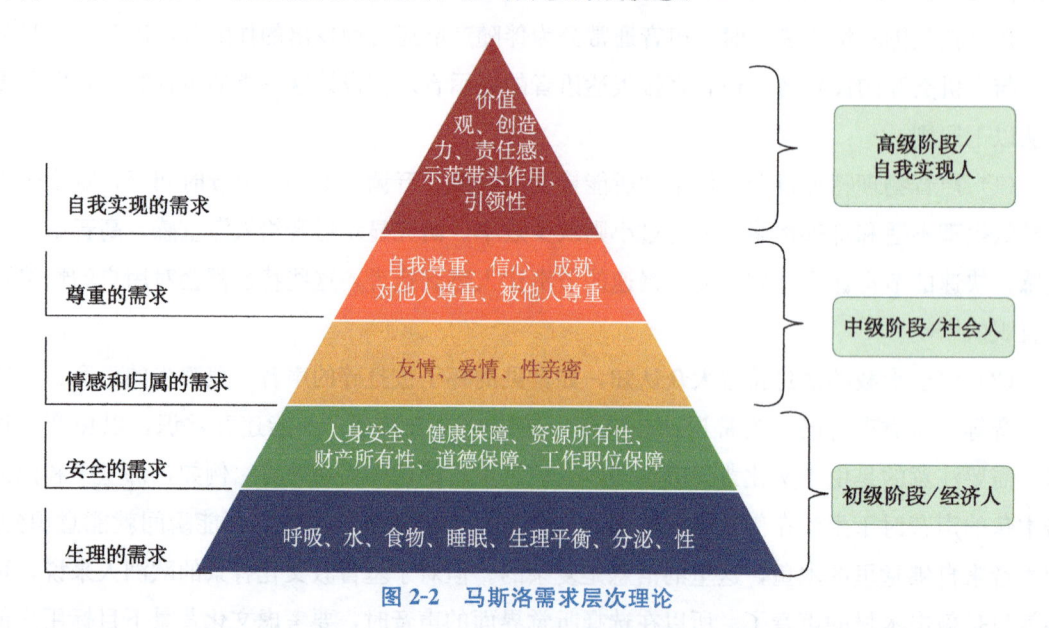

图 2-2 马斯洛需求层次理论

心理学家做过这样一个实验，即让被试者通过掷骰子来获取相应的奖励。骰子点数越高，奖励价值越高。而掷骰子的方案有如下两种。

（1）付出 2 美元的成本，可以自己掷骰子。

（2）不用支付任何成本，别人帮忙掷骰子。

心理学家在不同的群体中做了类似的实验，结果却惊人相似。即几乎有 80％以上的人选择了（1）方案，愿意支付 2 美元自己掷骰子，即使两种方案的概率完全一样。

无数类似的实验结果证明给予用户相应的控制感，会在一定程度上增加其满意度。而提供参与感赋予消费者改变的权利，让消费者从单纯的享受者变成生产者，从本质上等于提升了他们的控制感。

1. 摇出来的霸主

在主流陌生人社交产品的平均用户留存率仅有 31.3％左右的行情下，微信依然得到了广泛传播。微信火并不是市场机遇恰好出现，因为"漂流瓶"同样能解决随机交友需求，微信是火在摇一摇的这个动作。

做这个动作之前，你与你将来的好友是由系统随机分配的，整个过程跟你没有丝毫关系，你不过点击了一下按钮而已。但摇了之后不一样，此时的你与他已经有了一个剧烈动作作为开场，甚至都已经摇出汗，摇到手发酸。与旧版 QQ 搜索而来的朋友相比，这两个朋友比重能一样吗？当然不能。这个朋友是你辛辛苦苦摇来的，你配得到这个好友！

这是一种全新的互动交流形式，随后又赶上 2015 年春节。微信和春晚合作，不火都难了。双方在内容和互动形式上做出了诸多创新，而且还利用微信红包这一相对来说时髦的产物，让电视屏和手机屏之间进行了一种新型的互动。

2. 用户参与的机会很多

只要产品有心增加与用户的互动以提升用户参与感，并且激发更多用户的自主行为，机会很多很多。

1）回馈用户类活动

消费类产品主要通过抽奖、打折促销、送红包的形式刺激新老用户的活跃度，意在通过活动沉淀一些对产品营收有价值的用户。但是此类活动不可过多，否则会抑制真正有消费意愿的忠实用户，以及有潜在消费意愿的用户。长此以往有损于品牌在用户心中的形象，当然如果主打廉价和折扣就另当别论。

2）品牌推广类

此类活动形式多样，重要的是活动的创意。主要用于推广品牌形象，如最近微博比较火的支付宝结合"星级穿越"和"梵高为什么自杀"的神级文案。通过大家熟知的人物、事件等讲故事一步步引人入胜，到最后"顺理成章"地引出支付宝品牌。不论故事是真是假都能逗读者会心一笑，达到很好的传播效果，更有"对不起，我只过 1％的生活"这类卖情怀的产品推广。谈到品牌推广更不得不提近些年在微信朋友圈特别火爆的HTML5页面，此类活动重要的是有趣、好玩、酷炫，能给人带来惊喜。所以用户才会主动参与并传播，2015春晚也曾使用过这一方案。

3) 公益活动

主要是利用线上传播造势、收集内容然后线下开展，如微信某公众号的"为盲胞读书"活动。

2.2 互动点设计

所有的感官都是互动点的生理载体，也是互动点的创意来源。依据情感化交互设计经验，互动点可以根据从用户嵌入由浅入深的程度分成欣赏式、琢磨式、参与式、成就式等4种。4种层次上的用户从单纯的观众过渡到不仅追求行为参与，还要追求精神需要的最高层级。

2.2.1 欣赏式互动点

欣赏式互动点主要依赖人的视觉，视觉是认知的主要途径和传达美主要途径。在设计这类互动点时需要想办法将用户从被动的"观赏"变成走心的"欣赏"，并且需要考虑是否符合格式塔原理，是否有魅力，是否美，以及是否看起来让人享受。

毋庸置疑，欣赏式互动的设计对象通常就是平面设计，或者是产品和UI设计中设计平面元素的环节。关于如何从视觉元素出发做好平面设计的书籍和资料很多，在此我们换个角度，即从直击人心的角度对平面设计中如何设计互动元素做一些介绍。

1. 注重变化与统一

对比是求得变化的最好方法，可以通过在日常生活中注意生活中的每一刻而发现新鲜感，将其融入设计中。

对比主要分为大小、方向、粗细、质感、空间、聚散、曲直、明暗等方面，在设计中经常通过调和的方式，使画面产生统一协调的美感。调和就是使两者或两者以上的元素相互具有共性，能带来舒适、统一的心理感受。

1) 大小对比

大小对比容易表现出画面的主次关系，在设计中经常把主要的内容和比较突出的形象处理得较大些。画面采用大小对比技法，使主要形象更加突出，加强了广告的意图。

2) 方向对比

凡是带有方向性的形象都必须处理好方向的关系，在画面中如果大部分照片的方向近似或相同，而少数照片的方向不同，就会形成方向对比。画面使主体的方向与局部的方向运行对比，形成了活泼而有变化的画面效果。

3）粗细对比

粗细对比是指在构图的过程中所使用的色彩，以及由色彩组成图案而形成的一种风格，这种风格在构图中是时常利用的表现手法。这种粗细对比有些是主体图案与陪衬图案对比，有些是中心图案与背景图案的对比。还有些是一边粗犷如风扫残云，而另一边精美地细若游丝，有些以狂草的书法取代图案。

4）质感对比

由于物体的材料不同，所以表面的排列、组织、构造不同，因而产生粗糙感、光滑感、软硬感。质感的创造方法为笔触的变化、拓印、喷绘、染、纸张等。

5）空间对比

利用大小表现空间感，大小相同的物品由于远近不同而使人产生大小的感觉，近大远小。在平面上一样，面积大的我们感觉近，面积小的感觉远。

利用重叠表现空间感，在平面上一个形状叠在另一个形状之上会有前后、上下的感觉，产生空间感。

利用阴影表现空间感，阴影的区分会使物体具有立体感觉和物体的凹凸感。

利用间隔疏密表现空间感，细小的形象或线条的疏密变化可产生空间感。在现实中如一款有点状图案的窗帘在其卷着处的图案会变得密集，间隔小，越密感觉越远。

利用平行线的方向改变来表现空间感，改变排列平行线的方向会产生三次元的幻象。

利用色彩变化来表现空间感包括色彩的冷暖变化、冷色远离、暖色靠近。

6）聚散对比

在设计中与空间对比密切相关的是聚散对比，指的是密集的图形和松散的空间所形成的对比关系。处理好这个关系应注意保持好各个聚集点之间的位置联系，并且要有主要的聚集点和次要的聚集点之分。采用聚散对比可以使画面具有一定的节奏感和韵律感。

7）曲直对比

曲直对比指的是曲线与直线的对比关系，在一副画面中过多的曲线会给人不安定的感觉；过多的直线又会给人过于呆板、停滞的印象，采用曲线与直线相结合的技法可以使画面整齐的同时又具有灵活性。注意这里讲的直线包括文字排列所形成的直线。

8）明暗对比

明暗是构图布局中的重要因素之一，指最深的暗调至最淡的明调之间的各种明暗层次。明暗层次不仅应用于表现对象的形体结构，还在画幅构图中通过明暗色调的交错获得画面的变化与均衡，产生节奏韵律感。

画面使用的大部分色彩明度较强，画面色调明亮。这一类色调宜用于表达欢快、舒展、明静、爽朗、简洁等感情，也可用于忧伤、悲壮的主题。

与明调相反，比较深暗的暗调画面表现深沉、庄重、浓郁、静穆、神秘、恐怖等情调的主题。在色彩调配上深色使用多，白色使用少，也常使用黑色。

2. 对称与均衡

构图的基本原则讲究的是对称与均衡、对比和视点，其中对称与均衡是构图的基础，主要作用是使画面具有稳定性。对称与均衡本不是一个概念，但两者具有内在的统一性——稳定。均衡与对称都不是平均的，而是一种合乎逻辑的比例关系。虽然平均是稳定的，但缺少变化。没有变化就没有美感，所以构图最忌讳的就是平均分配画面。均衡在平面造型中是指造型的要素在视觉上产生的平衡感觉。

3. 节奏和韵律

节奏和韵律指的是同一图案在一定的变化规律中重复出现所产生的运动感（前半句为节奏，后半句为韵律）。

节奏在艺术设计中通常指反复的形态和构造，在平面构成中将基本图形按照等比例等距离的反复排列组合，即产生相应的节奏。

韵律通常是指有规律的节奏经过扩展和变化所产生的流动的美，在平面设计中重复的图形以强弱起伏、抑扬顿挫的规律变化，就会产生优美的律动感。

节奏与韵律往往相互依存，互为因果，韵律在节奏基础上丰富；节奏在韵律基础上升华。在平面设计中节奏和韵律包含在各种构成形式中，其中最为突出的是表现在"渐变构成"和"发射构成"方面。

4. 条理与反复

条理与反复指的是同一纹样在一个画面中有秩序地反复出现的一种规律与节奏，主要表现为二方连续和四方连续图案，构成形式有基本性的群化构成、重复构成、骨骼构成等。

5. 分割和比例

比例是整体与部分、部分与部分之间数量的一种比率，分割与比例是以纯粹的数理性作为基础的，通过对面的渐次分割和随意分割展现出富有逻辑的节奏。

依据数理逻辑分割创造出来的造型空间有明显的特点，一是分割合理的空间表现明快、直率、清晰；二是分割线的限制使人感到在井然有序的空间里形象更集中，更有条理；三是有条不紊的画面分割具有较强的秩序性，给人冷静和理智的印象；四是渐次的变化过程形成富有韵律的秩序美感。

2.2.2　琢磨式互动点

一部分设计师不再满足欣赏式的距离，他们试图让用户离自己更近并更关注自己，从而让自己在用户心中留下更多印象。于是这些设计师选择了出奇的办法，即将互动做得有趣，让人惊喜、让人兴奋，这其中不乏部分充满神秘感的设计。由此带来的好处就是激发了人的好奇心，成功发起了一次次让人记忆深刻的琢磨式互动。

如图 2-3 所示为与怀孕相关的 App 主页。

这是笔者最喜欢的一款软件，一部分原因是因为此时正在笔者身体里成长的那个小生命，还有一个更重要的原因是其让笔者临睡前打开这个 App 看着小人的图片随心跳起伏，就像有呼吸一样。笔者会不由自主地琢磨它，琢磨那些小胳膊小腿，以及今天跟昨天的区别。如果一款软件让你琢磨到这种程度，你会不支持吗？

图 2-3　与怀孕相关的 App 主页

前文提到过的摇一摇就是一个典型的例子，打开手机进入一个全黑的界面。然而只要你手那么一摇，咔嚓一声，如果此时在世界某个角落有一个人正好也在摇，你就抓住了这个朋友。如果你没有那么走运，会发现还是什么都没有，新奇吧？

支付宝团队发现每到年底人们都想统计自己当年的开销，用户因为想尽快收到年度账单而主动询问支付宝客服，于是出现如图 2-4 所示的催收年度账单界面。

通过如图 2-5 所示的支付宝年账单，我们能获知今年经由支付宝的收支详细情况，包括收支的分类占比、各类收益、保险相关等。关键的是账单还会告诉你"超过全国＊＊人"，或者"在深圳排名第＊位"。

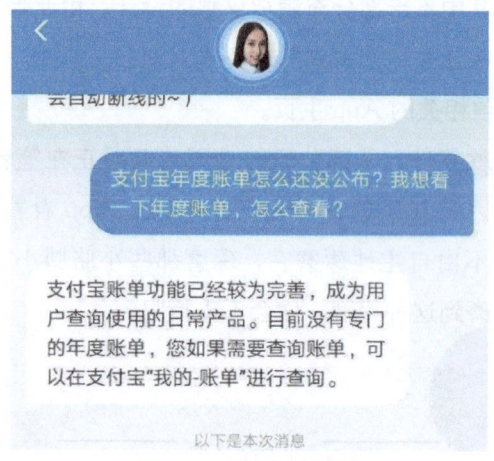

图 2-4 催收年度账单

图 2-5 支付宝年账单

如果说欣赏式主要靠的是视觉元素，那么琢磨式靠的就是内容，包括文案、图形设计、视频等引人注意的地方。

1. 写饱满而有趣的细节

魔鬼藏在细节里，细节才会出戏剧性。写文案首先要想想产品有哪些饱满而有趣的细节，细节所展现出来的数据以非同一般的方式展现出来时会让人过目不忘。

"不是所有的牛奶都叫特仑苏""不是每一片叶子都有机会成为小罐茶"，这种放大微小属性策略的方法成就了特仑苏牛奶和小罐茶。

2. 写清晰而具象的利益

挖掘产品事实是为了向用户表明买（用）我的产品有什么好处。描述用户利益，一定要注意把利益描述得清晰、具象、有力，要具体而微，其实这也是细节。

某淘宝店中的一款雪地靴的描述文案"瘦鞋型，显脚小，能嫁个好人家"一定能成功吸引到用户的眼球，如图 2-6 所示。

瘦鞋型，显脚小，能嫁个好人家。
没人注意到雪地靴的笨重，让冬天更加臃肿。把鞋型变瘦，又不影响穿着，
是个工程浩大的技术活。

图 2-6　某雪地靴广告

3. 写初心而动人的故事

人是细节的动物，也是喜欢故事的动物，因为故事中就包含大量的细节。

从远古时期人类就在每个夜晚围坐在篝火边讲故事，抚慰自己孤独的灵魂，人类文明其实就是从故事开始的。

每个商品的诞生都是为了解决人类面临的一个问题，每个产品的创始人都有自己的一段心路历程，如为什么我要打造这个产品。把关于这个产品的初心故事讲出来，很大程度上就能让用户掏钱买单，甚至甘心追随。

罗永浩在发布会上一句"我不是为了输赢，我就是认真"，打动了多少锤粉的心。

2.2.3　参与式互动点

参与度是各类产品体验的关键指标，不论是软件开发、教育还是其他行业，用户的参与能有效提高使用效果或服务质量。应用软件是一种没有实质形态的特殊产品，而且运营团队几乎不可能与用户面对面交流。因此对应用软件来说，要增加参与式互动比其他行业来说难得多。虽然难，只要我们用心挖掘，还是有很多突破点的。

1. 用情景带来代入感

如前所述，人类是喜欢听故事的动物。开个玩笑，人跟动物最大的区别就是人会欣赏故事。我们从小都喜欢听故事，故事之所以让聆听者身临其境，就是因为能带来代入感。如果我们的界面想要让用户快速参与进来并沉浸其中，讲故事是个不错的选择。

人类大脑对故事非常敏感，容易引起共鸣。并且故事人人都可以理解，可以高效传递信息。组成故事的元素也很简单，基本上就是谁干了什么事情，以及做这件事的结果。如果这个"人"，就是阅读者本身的话，那强烈的代入感可以让用户瞬间入戏，并越来越投入。

一个 App 名字为"WalkUp"，是一款计步软件（见图 2-7）。如今市面上有许多类似的应用，而 WalkUp 则讲了个故事。此刻你是一名旅行者，每天的步数可以用来换作能量用来在全球旅行。每到一个新的地方可以向你的同伴展示你的能量，未知的地图上还会有不同的宝藏等着你去发现，这场冒险的旅程构成了这个简单的计步应用。

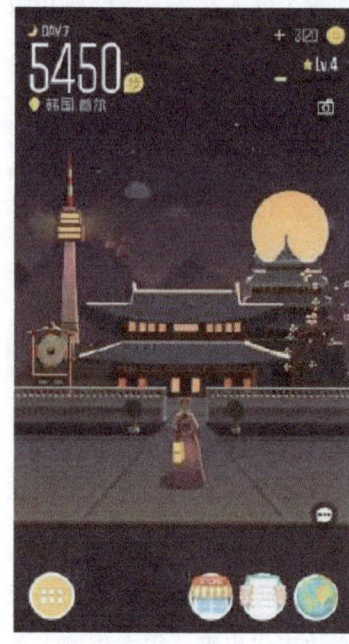

图 2-7　WalkUp——会编故事的计步软件

2. 个性定制页面

如图 2-8 所示为笔者本人的 Firefox 启动页。

图 2-8　笔者本人的 Firefox 启动页

这是笔者本人的 Firefox 启动页，每次打开 Firefox 都会自动按照笔者以前的浏览记录更新这个界面。或许它追求的就是在第 1 屏就解决笔者的需求，不过不可否认笔者每次都是从这里直接单击进入常用站点。

当光标挪到这一排图标上时，右边就会出现一个"…"图标。如果把光标放上去就会发现这行的图标还可以进行再次编辑，于是 Firefox 就变得像是为自己定制的一样。

如图 2-9 所示为支付宝定制个性化页面。

在支付宝的页面中用户可以通过点击"更多"进入个性化页面定制界面，这里你可以定义"我的应用"，可以增加或者删除靠前显示的小程序。在这之后，你的支付宝真的就成了"你的"，而不是千篇一律的样子。

图 2-9　支付宝定制个性化页面

个性化定制页面是有效去除软件附带的工厂生产的产品熟悉界面，摆脱统一且标准化的脸谱的有效方法。细分起来，可以有以下自定义方式。

1）替换固定元素

圣诞节头像加小红帽，以及国庆 70 周年头像加国旗等一波一波的操作刷爆朋友圈，这就是身边最热烈的"参与式互动"。我们还可以考虑操作软件皮肤，就是替换 App 背景这一固定元素，如自定义微信对话界面的背景图。

打开思维我们会发现图标（iCon）都属于可以更改的范畴，微信"发现"的图标是指南针，为什么必须是指南针，不可以是眼睛、放大镜、星球等呢？哪怕是个指南针，换一个款式可否？

2）同一级模块数量增减和顺序调整

这种定制化方式似乎已经比较普遍，从上例可以看到微信的"发现"、支付宝首页的"应用编辑"，这些本质上都是对同一级模块数量的改变。

很多软件其实做得不够，这一点我们之前在支付宝首页应用编辑和百度 App 的频道管理方面也都看到了。然而这并不意味着数量增减就一定支持顺序调整，你可以试试把微信的"看一看"调整到"朋友圈"上面。

3）UI 元素位置调整

部分软件界面上支持 UI 元素的位置会自定义或微调，比如可以用这个功能来解决左右手操作的问题。

4）交互方式的自定义

放大全屏展示该聊天内容，如果想使用删除功能，就要长按文字，然后点击"删除"。有些人微信聊天记录绝不过夜，这类有强迫症的用户每天要执行无数次删除聊天内容的动作。如果能有自定义双击效果为删除或多选的功能，那么一定能节省很多的时间。

安卓和苹果手机都用过的朋友可能会注意到两个操作系统中微信的一些细微区别，如在微信首页想要删除与某人的对话，安卓的操作是长按，而苹果则是左右滑动。不同用户的操作习惯不同，可是用户没得选择。

反观在 PC 端，用户的选择权似乎更大。在使用 PC 时为了获取更多操作，通常右击即可。而使用触控板时为了实现右击的效果，有很多不同的操作。有的人习惯按触控板右下角，有的人习惯按左下角，也有人习惯双指轻点。

3. 肢体行为代替屏幕操作

一个"精灵宝可梦"（又称"口袋妖怪"）小游戏让无数成年人拿着手机沿街搜寻小妖怪。这个游戏在火遍全球的同时普及了增强现实（Augmented Reality，AR）技术，这个技术能在屏幕上实现虚拟世界和现实世界的融合和互动。与 AR 游戏类似，应用软件一直在探索通过以肢体行为代替屏幕操作的方式以提高用户参与度。

2019 年中上市的"微动手势"是一款只有 3 个手势的 Android 手势操作应用，分别是 X 轴、Y 轴和 Z 轴，能够触发多任务、启动应用、返回、下拉菜单等动作。虽然手势少，但实现了最常用的 3 个功能，即下拉通知、返回和打开多任务，用户体验很好。

小米全面屏只要安装一个小软件，整个手机就能用手势操作，如图 2-10 所示为小米全面屏操作手势设置。

此外，像"实况足球手游"这类增加外部摇杆、手柄、头盔等外设采集肢体行为的游戏就探索得更远。这种方法带来的极致体验，远非键盘党所能感受得到的。

4. 用户产生内容（UGC）

UGC 对于某些用户来说是自我满足的极佳方式，通过看到别人点赞、打赏来提升创作的成就感。我们也会利用人们的好胜心搞个大赛或者活动点燃人们的挑战欲火，从而迅速让内容创作者熟悉平台，并增加人气。

UGC 已经非常成熟，如需达到预期，需要加强以下几个方面的设计。

（1）等级、称号、标签、排名、财富等激发用户产生更多的行为，这是一个引导用户熟悉平台的过程。先打破陌生感，然后才能进一步调动用户创作的欲望。

（2）相信很多人都更容易接受以及尝试易操作、易分享、有趣的事。人们的天性就是喜欢简单，喜欢分享。

（3）根据项目定位的用户群体，以及要表达的内容选择适合自己的表现形式，提前设置内容结构，方便用户按步骤记录并提交。

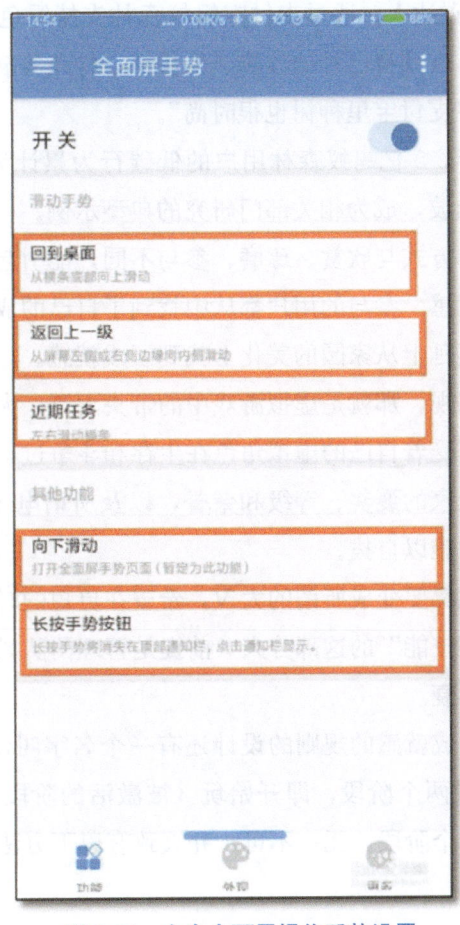

图 2-10　小米全面屏操作手势设置

（4）及时激励，如可以通过为 UGC 用户发一些福利或找一些刺激，需要注意的是针对不同客户群体要有不同的激励机制。

2.2.4　成就式互动点

马斯诺原理揭示人最高级的需求就是自我实现，即实现个人理想、抱负，展现个人的能力。在这种自我实现的目标下，基础是现实世界还是虚拟世界，是具体的体力劳动还是工作技巧都不重要，重要的是找到自我并成就自我。

蚂蚁金服的一个虚拟公益小队创造了互联网产品——蚂蚁森林，这不仅让一向"高冷"的绿色金融走近普通人，更做到"让地球上 5％ 的人在手机里种树"。截至 2018 年 5 月底，蚂蚁森林用户超过 3.5 亿，累计减排超过 283 万吨。并且累计种植和养护真树 5 552 万棵，守护 3.9 万亩保护地。

因为蚂蚁森林，有些人的生活被改变。"每天叫醒我的不是梦想，是蚂蚁森林。"来自北京的白领毛先生说，"早上定 7 点的闹钟，准时起来收集绿色能量。行走 16 g，生活缴费 262 g，绿色外卖 16 g，绿色包裹 40 g……我目前已经有 540 kg 能量，获得了 23 个环保证书。"毛先生是一位手机低碳达人,通过支付宝蚂蚁森林支持绿色环保和公益,已经成为他每天早上的一项必要活动。看到自己种的沙柳、梭梭树、柠条等插在各个保护区内,他觉得很有成就感,并且感叹"在支付宝里种树也很时尚"。

从 2017 到 2019 的 3 年,5 亿蚂蚁森林用户的低碳行为累计为地球种下了 1.22 亿棵真树,面积相当于 1.5 个新加坡,成为相关部门研究的典型示例。

这种产品和用户的互动方式与欣赏、琢磨、参与不同,能引起这么大反响必然背后有强大的支撑力量,那就是成就感。参与的用户都从中找到了自己的成就感,从自己种下的树上找到了成就感,从绿色的蔓延上从家园的美化上找到了成就感。

还有一种成就感不容忽视,那就是虚拟游戏中的带头大哥、大侠或者少侠们。在精心设计的游戏化组织内,用户享受着自己的虚拟角色在生存和斗争过程中,在一场场战斗和训练中获得的虚拟精神奖励,玩家的褒奖、等级和荣誉,以及所谓电子竞技奖项带来的成就感,使得一部分人甚至沉迷其中难以自拔。

也无怪乎有些玩家充钱都要变成所谓的大 V,希望在更短的时间内获得更多的收益。就像书中说的懂"办公室生存技能"的这部分人(前提是管理团队风气如此)所带来的极速快感,游戏产业也因此长盛不衰。

在这个虚拟世界中获得成就感的规则的设计还有一个名字叫作"上瘾性设计",在软件中用户的行为可以简单分成两个阶段,即开始玩(被激活的阶段)和离不开(用户存留)。而上瘾性设计必须贯穿这两个阶段,无一不可,并大致有以下方法。

1. 简单的赏罚机制

即时反馈简单的赏罚是最简单有效的心理控制手段,即便有无限的任务,只要保证你的每一个操作都是有奖赏或者惩罚等即时后果,每一个操作都能得到即时反馈,出于人类趋利避害的本能,你也会潜意识里对很多无聊、简单、重复的事情上瘾,如收菜游戏。

2. 阶段性目标

里程碑完美型心理是人们固有的一套心理机制,人们都渴望一件做到一半的事情能够被完成。日常生活中的例子为初恋最让人遗憾和难以忘怀。在游戏中这样的机制会驱使人们不断地完成任务,不断地升级。这种短期阶段性目标的达成会让玩家不断自我肯定,并且获得虚拟的尊重与认可。这种自我价值实现与尊重的上层心理需求的满足让玩家感觉非常良好,到最后成瘾,如所有游戏的关卡。

3. 虚拟的精神物质

玩家在打游戏的过程中会对游戏中的物品上瘾,因为游戏中的物品需要投入时间、精力与技巧获取。在心理学上讲,在这个过程中玩家会对这个物品产生认知失调,以致成瘾。付出得越多,认知失调越多,从而越会使玩家认为此物品的价值大,对该物品的执着程度和成瘾程度就会越大。就会使玩家出于人类本能,想要收集更多有价值的虚拟物质,如游戏中的高级武器等。

4. 竞争排名机制

人类天生就有竞争、掠夺的本能，游戏将这一本能开发到极致。从不同维度、在不同时间对玩家的能力、成果进行排名，生成排行榜。玩家在本能的驱使下想要跻身排行榜榜首，以证明自己的能力，并获得他人的敬佩，满足社交等上层需求。

5. 虚拟头衔、等级和荣誉

游戏设计者抓住了人们的荣誉感心理，由浅入深，一步一步让玩家上瘾。玩家在游戏的过程中不用承担任何现实风险的情况下努力追名逐利，在获得成就的同时还会得到自我认可与他人的认可。这一系列层层递进的成就机制让玩家成为虚拟世界的大人物和大英雄，弥补了现实生活中无法满足的遗憾，如虚拟头衔和一步一步升级。

6. 现实逃避、替代体验

玩家在游戏中对游戏角色及生活有绝对的控制权，可以通过短期的努力获得资产、房屋、能力、伙伴、荣誉、伴侣、装备，甚至军团、国家、宇宙。并且可以拥有自己想要的职业、角色，去杀人、放火、种地、管理国家。而通常在现实生活中，往往很难实现这样的事情，甚至无法实现。作为一种替代体验，玩家很容易沉迷在虚拟的游戏中，如模拟人生和英雄联盟。

7. 不确定性

在游戏中还有一个比较有趣的心理机制，就是不确定性。人际交往中有个很有趣的理论叫"猫绳理论"，即猫在抓住自己脚边的线团之时，主人就会立即抽走。猫虽然抓不到，但却总以为下一次能抓到。所以就经常主动去抢夺主人的线团，结果自己每次都被主人所玩弄。如果游戏设计者只对玩家的特定行为给出特定的奖励，那么玩家很快会对这种确定性懈怠；如果这种奖励有不确定性，而且不确定性非常大，那么玩家反而会期待这种"彩票"并对这种不确定的奖励上瘾。

8. 神秘感

神秘感是驱使人类进行探索的一个原始内驱力。那么游戏设计者将这种神秘感引入游戏中之后，人类在好奇心的驱使下会对游戏中的情境进行不断探索，并且也会让人不断上瘾。例如，所有含探险元素的游戏。

2.2.5 互动点是情感化设计的纽带

情感化 UI 设计中最引人注意的部分就是互动点，而这些互动可以发生在色彩、图案、表情、文案等上。

1. 色彩

不同的色彩代表不同的情感，给用户带来不一样的心情，这也是情感化设计中重要的一个元素。我们怎样才能快速地找到自己最合适的色彩呢？一种方法是长期积累，构建自己最拿手的色系组合；另外一种方法就是借助软件，如 Adobe Kuler，可以从一幅自己挑好的图片中提取自己的颜色。

如图 2-11 所示为自动提取颜色。

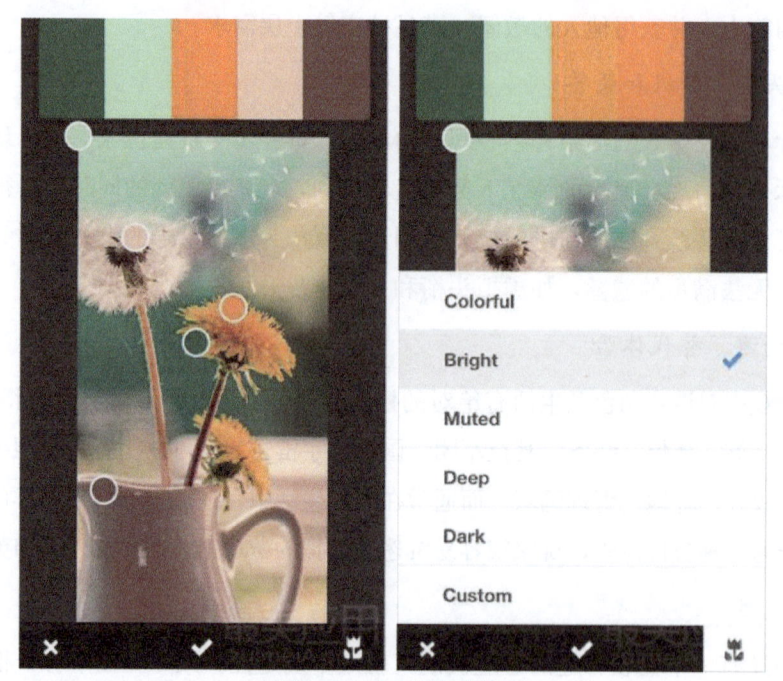

图 2-11　自动提取颜色

2. 图像与表情

提到用图像和表情来传递情感就不能不提 Emoji。Emoji 最早由栗田穰崇（Shigetaka Kurita）创作，并在日本网络及手机用户中流行。自苹果公司发布的 iOS 5 输入法中加入 Emoji 后，这种表情符号开始席卷全球。目前 Emoji 已被大多数现代计算机系统所兼容的 Unicode 编码采纳，普遍应用于各种手机短信和社交网络中。

如图 2-12 所示为 Emoji 表情系列。

图 2-12　Emoji 表情系列

这个创意已经得到很多人的效仿，并且由此催生了一些优秀的运作团队，如斗图系列和曾经很流行的 MBE 风格非常形象的表达。从视觉上来看，使用面部表情来创造人们所需要的情感是最好的方法。人的面部所能承载的情绪和情感对于用户而言更容易判断，也更容易被接受，所以这样的图片也更具有效力。

如图 2-13 所示为 MBE 风格。

图 2-13　MBE 风格

这是一个相当有效的情感化 UI 设计，尤其是当你需要在此基础上进行下一步设计时。

设计师设计 App 时一定要确保设计风格的一致性，但是也有一些特殊情况，如需要来个大反转等。

3. 文案和内容

最能打动人心的还是文字，因此文案和内容在情感化设计中也是很重要的。例如，让人"欲走还留"的某软件在卸载提醒中如图 2-14 所示的文案，一定能挽救很多即将流失的客户。

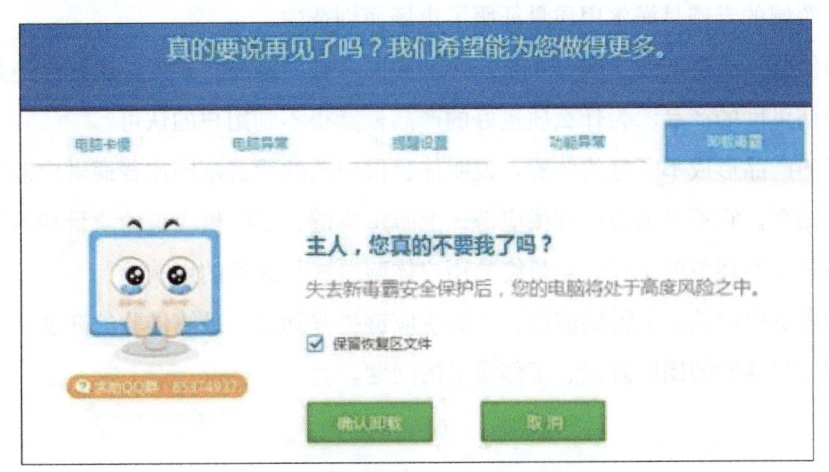

图 2-14　卸载某软件时"欲走还留"的文案

洞察这个词就很精妙，就像隔洞窥视消费者心底的秘密。

要想成为走心的设计师就要多读书，即多阅读相关的书籍并思考总结。

2.3 体验供应链

直观地，我们通常所说的供应链是由物料获取并加工成中间件或成品，再将成品送到顾客手中的一些企业和部门构成的网络。它分为3种，其中内部供应链指企业内部从原材料购入到完成品售出之间的物流与信息流；上游供应链指企业与上游供应商之间的物流、信息流及关系；下游供应链指企业与下游客户之间的物流、信息流及关系，它关注的是产品本身。

供应链背后深层次的原因就是随着物资的极大丰富，不再有产品短缺的问题，而原本的次要矛盾"产品体验"被提升到了首要位置。这里我们借鉴供应链的概念和分类方式，引入"体验供应链"的概念并对其进行研究。

2.3.1 与普通供应链的区别

1985年作为CEO的张瑞敏当众砸掉了仓库中不合格的76台冰箱，海尔开始直面用户反馈的"工厂生产的电冰箱有质量问题"。以当时的情形来说，此举不亚于现在当众砸掉76台特斯拉，许多老工人当场就流泪了。要知道那时候别说"毁"东西，企业就连开工资都十分困难！况且在那个物资紧缺的年代，别说正品，就是次品也要凭票购买的！如此"糟践"，大家"心疼"啊！当时甚至连海尔的上级主管部门都难以接受，但就是从此，海尔首先在质量上给予了人们信心，大铁锤砸冰箱事件使得人们相信只要是海尔的东西，质量就是有保障的。至2000年12月31日，海尔集团发生了翻天覆地的变化。1984年，青岛电冰箱总厂只生产一个型号的冰箱，到如今海尔集团已拥有69大门类10 800多个规格品种产品群，这一个工业产品领域的奇迹是海尔用质量征服了市场而创造的。

但是即使同一条生产线、同一个生产标准和同一套质量检测制度，为什么还是会出现一些摧毁用户认可度的产品？为什么质量好的产品依然得不到用户的认可？

质量好的产品形成不了好的体验，说明体验供应链的覆盖范围比普通供应链更大，是一个更上位的概念。它不光关心内部供应链、上游供应链、下游供应链的质量和本环节是否工作到位，还关心本环节的工作会对最终的用户体验造成什么样的影响。

只有将内部供应链、上游供应链、下游供应链提升到关注最终体验的高度，才能最终解决达成良好用户体验的团队意识、工作质量的问题。

2.3.2 环节的划分

从设计角度来看，我们将设计流程分成从创意、用户调研到测试上线和运营等多个环节；从产品内涵的分层角度来看，我们将产品内涵模型化，并分成了战略层、范围层、结构层、框架层和表现层等 5 大层次来分别进行分析；从流程关注的内容上，我们至少将流程分成了业务流程、数据流程、交互流程等几个方面。为了研究用户体验供应链，还会引入新的划分方法。这些方法其实是对同一个产品从不同角度及不同维度观察和把握，相互并不矛盾。反而能起到弥补作用，有助于全面把握和完善一款产品。

用户体验是一个完整的过程，现在的软件开发已经不是单打独斗的个人英雄主义时代，而是讲究在全球范围内的资源复用、团队协作、模块整合。因此在这里我们引入的划分方法着眼于用户体验的角度分成内部供应链、上游供应链、下游供应链，上游供应链是指地处生产链条的上游，提供产品或者模块供系统集成和调取。并最终协助我们完成产品，提供用户体验；内部供应链是由公司原创，并为用户提供产品体验的部分。不仅包括系统集成，还包括产品设计及开发等各开发方面，其边界到上线为止；下游供应链是指产品上线后的运营和服务具体过程，这个过程有可能由开发公司承担，也有可能由其他公司承担。这个过程相对独立，但也最为关键，直接面向消费者的诉求。

2.3.3　上游供应链

上游供应链主要来自硬件提供商、开源代码平台、框架、各种功能组件 API 等，具体包括广告分发平台、第三方支付平台（银联、微信、支付宝等）、云服务（常规云、视频云、实时消息、图片云）、语音识别、视频识别、手势识别、生物识别、翻译、第三方登录等。

在产品选型阶段，每一种技术都必须经过深入的调研才能被选用，包括成本、稳定性、开发量等。中途的变更很有可能会造成延迟，而疏于调研甚至可能会出现方案不可行的问题，可以套用第 1 章中的表格对可能引发的风险进行详细的确认。

例如，设计的软件中需要客户支付钱款，则必须进行第三方支付平台选型，除非限定为线下付款。选型时考虑如下 4 个方面的问题。

（1）费用问题：目前大部分支付接口都是免开户费，只收取手续费。如果每月流水比较大，即便是手续费也是一笔不小的费用。当然也不要太过于追求低手续费的第三方服务，毕竟羊毛出在羊身上，迟早会在其他地方捞回来的。综合考虑接口费用，只要是在自己能接受的范围内即可，行业内一般是 0.4%～1%不等。

（2）资金安全：要确保客户缴至第三方的款项能尽快回到公司账目，就一定要与获得央行颁发支付牌照的第三方支付公司合作。这样资金才能得到安全保障，系统才能安全稳定，不易出现掉单或者其他不必要的麻烦。

（3）售后服务：款项是公司的命脉，如果被人设限，那么公司就危险了。与售后服务相对较好的第三方公司合作会省去很多不必要的麻烦，出现问题及时解决才利于后续更好地发展。

（4）网银支付接口：只需要选择简单、稳定、结算快、安全的网银即可，不管用哪家，最后都是转接到银行界面。

2.3.4 内部供应链

内部供应链要求公司全员都要有体验设计的意识，都要想办法提高用户体验，并借用各种方式尽早发现用户体验的瑕疵。

产品设计启动之前必须进行广泛的市场调研和竞品分析，尽可能排除主观因素。在产品设计过程中，原型设计之后就应进行用户测试，让原型的用户满意率达70%以上；另外，在准备推进到下一个步骤时一定要编制文档获得全局概念。具体的要求可以随着产品的精细化而改变，但是文档一定要能够帮助开发人员了解产品进入公众时的优先事项。

将产品要求和技术规格文档以路线图的形式进行视觉呈现，包括用户故事，以排序功能主次，从而满足用户需求。有时，还可以在路线图中加入特定的日期，让它起到时间轴的作用。路线图的好处在于它能够帮助我们分清优先次序，对产品要求和技术规格所确定的构建方法进行补充。例如，要设计一款笔记本电脑，那么评估的维度如下。

（1）基本属性：例如，要有键盘和屏幕。

（2）性能属性：可以作为KPI用来与不同产品进行比较，例如，CPU速度和硬盘容量是优劣的关键，人们一般倾向于速度快及容量大的电脑。

（3）加分属性：根据顾客偏好不同的主管属性，例如，Macbook Air的超薄和光滑触感。有些用户会认为是好卖点，但有些用户不注重这些。

性能指标因产品而异，对软件来说性能指标有响应时间、吞吐量、并发数，还有内容管理、推荐算法、信息流服务、人像处理（如换脸）、图像处理（如滤镜）、内部设计库、产品质量管理规范、评审机制、迭代规范、产品发布办法等。

响应时间是指系统对请求做出响应的时间，直观上看这个指标与人对软件性能的主观感受是非常一致的，因为它完整地记录了整个计算机系统处理请求的时间。由于一个系统通常会提供许多功能，而不同功能的处理逻辑也千差万别，因而不同功能的响应时间也不尽相同，甚至同一功能在不同输入数据的情况下响应时间也不相同。所以在讨论一个系统的响应时间时，人们通常是指该系统所有功能的平均时间或者所有功能的最大响应时间。当然，往往也需要针对每个或每组功能讨论其平均响应时间和最大响应时间。

对于单用户的产品，人们普遍认为响应时间是一个合理且准确的性能指标。需要指出的是响应时间的绝对值并不能直接反映软件性能的高低，软件性能的高低实际上取决于用户对该响应时间的接受程度。对于一个游戏软件来说，响应时间小于100毫秒应该是不错的，响应时间在1秒左右可能勉强可以接受。如果响应时间达到3秒，就完全难以接受了；对于编译系统来说，完整编译一个较大规模软件的源代码可能需要几十分钟，甚至更长时间，但这些响应时间对于用户来说都是可以接受的。

吞吐量是指系统在单位时间内处理请求的数量。对于无并发的应用系统而言，吞吐量与响应时间成严格的反比关系，即是响应时间的倒数。对于单用户的产品，响应时间（或者系统响应时间和应用延迟时间）可以很好地度量系统的性能，但并发系统通常需要用吞吐量作为性能指标。对于一个多用户的产品，当只有一个用户使用时，系统的平均响应时间是 t，当有 n 个用户使用时，每个用户看到的响应时间通常并不是 $n \times t$，而往往比 $n \times t$ 小很多（当然，在某些特殊情况下也可能比 $n \times t$ 大，甚至大很多）。这是因为处理每个请求需要用到很多资源，由于每个请求的处理过程中有许多难以并发执行，从而导致在具体的一个时间点所占资源往往并不多。也就是说在处理单个请求时，在每个时间点都可能有许多资源被闲置。当处理多个请求时，如果资源配置合理，每个用户看到的平均响应时间并不随用户数的增加而线性增加。实际上，不同系统的平均响应时间随用户数增加而增长的速度也不大相同，这也是采用吞吐量来度量并发系统的性能的主要原因。一般而言，吞吐量是一个比较通用的指标。两个具有不同用户数和用户使用模式的系统，如果最大吞吐量基本一致，则可以判断两个系统的处理能力基本一致。

并发用户数是指系统可以同时承载的正常使用系统功能的用户的数量，与吞吐量相比，它是一个更直观，也更笼统的性能指标。实际上，并发用户数是一个非常不准确的指标，因为不同用户不同的使用模式会导致其在单位时间发出不同数量的请求。以网站系统为例，假设用户只有注册后才能使用，但注册用户并不是每时每刻都在使用该网站，因此在具体的某个时刻只有部分注册用户同时在线。在线用户在浏览网站时会花很多时间阅读网站上的信息，因而具体一个时刻只有部分在线用户同时向系统发出请求。这样对于网站系统，我们会有 3 个关于用户数的统计数字，即注册用户数、在线用户数和同时发请求的用户数。由于注册用户可能长时间不登录网站，所以使用注册用户数作为性能指标会造成很大的误差。而在线用户数和同时发请求的用户数都可以作为性能指标，相比而言，以在线用户作为性能指标更直观一些，以同时发请求用户数作为性能指标更准确一些。

2.3.5 下游供应链

下游供应链是指产品上线以后运营和服务的具体过程，具体指标有用户黏性、使用信息回传、bug 回传、停留时间回传、用户建议、用户抱怨等。在运营阶段，最重要的就是解决针对问题的响应速度，包括对接用户的速度，以及对用户问题处理的速度。

例如，对移动互联网产品来说具体表现就是因为用户的手机型号繁多、手机操作系统版本不一致、App 版本难统一等问题导致很难在开发或测试环节就完全解决移动 App 的性能问题。从而使得移动 App 产品在运维过程中，不得不面对用户体验不优、性能不佳等问题。

可以从如下两个方面来提升用户体验。

1. 从技术角度提升用户体验

关注用户体验，从技术上讲最关键的就是监听和监控用户对软件的使用体验感。关注用户体验的 IT 组织纷纷部署包括外部模拟仿真探测、流量数据分析、日志数据分析、嵌码采集探测等各种针对应用性能管理的工具以期提升用户体验，甚至造就了近年来 APM 市场的热度飙升；同时注重提高自动化水平和新技术应用，通过自动化减少员工的重复性劳动。使其更多地将精力放在能带来更大价值的标准制定和技术优化上面，即从技术工人变成真正的工程师。自动化也会带来效益的提升，随着分布式、虚拟化和云计算的普及，自动化已经成为不可或缺的手段，在一些大型互联网公司，人均管理服务器数量早已超过了业界 1∶200 的良好水平。

2. 构建完善的用户体验监控管理体系

必须创造或者借鉴一套自己产品的用户体验评分体系，不管是 App 还是混合式的客户端，把用户体验拿出来作为评分和行业均值。把电商行业、视频行业或其他行业作为均值，低于这个均值的则体验不好。此时就要从手机交互开始，直到后台 DB 为止。从头到尾做时间切片，看问题到底出现在哪里，这就是 4 步骤实现以用户体验为纬度的应用级别的应用监控与管理体系。

对运维人员而言，真正出问题都是从面对客户开始。传统过程应该是从客户打电话投诉到后台处理的流程，投诉的背后可能代表上千人的想法。例如，一个 App 本身没有问题。但因为安卓升级造成外部大范围用户体验感下降，甚至崩溃。通过体验监控管理平台就能在用户投诉之前解决问题。

2.4　体验传达

如果一个产品是天下独此一家，别无分店，即使体验再差我们也会捏着鼻子做下去。原因是什么呢？因为这种产品必然是革新了之前老的方法，进行了效率或者效果的大幅提升，用户一定会认为"瑕不掩瑜"。很可惜，天下的大部分产品并非如此。有"OFO"就会有"摩拜"，有"Uber"就会有"滴滴"，有周瑜就会有诸葛亮，因此功能性不再独特。根据毛泽东的《矛盾论》，原本次要矛盾的用户体验就上升到主要矛盾，在用户体验上拼上了刺刀。

提升用户体验并非易事，产品设计者原本设想的体验真正能映照在用户的内心并不是铁板钉钉的事儿，而且良好感受的概率并不高。体验的传达具有矛盾两重性，一方面体验是可以传达的；但另一方面体验又难以言说且难以表现。体验具有难以言说性的原因有 3 个：一是符号元素表的困难；二是这些元素有一定的"我向性"，因此外部言语不能尽善尽美地传达出内部言语；三是人的内觉体验很难诉诸外在符号。

体验传达讲究细节之处见功夫，对传达过程的透彻了解有助于我们充分审视细节，选择合适方法提升用户体验。将产品设计从关注物质界面的技术性解决，构建技术导向文化转变为关注情感界面的体验式反馈，并且构建设计导向文化，以及产品和用户之间的情感纽带。

2.4.1 基本原理

用户体验能从设计者所设想的意图，经由产品的承载并通过用户五官的感知最终在用户心里激发出与设计者所设想的一致的感受，这就是用户体验传达的基本过程。

如图 2-15 所示为我们从孩童时代就经常玩的"挠痒痒"游戏。该游戏的关键在于被挠痒痒时会激活大脑中触发逃离危险的原始愿望的区域——下丘脑，一些科学家相信我们对挠痒痒的反应可能是一种原始的防御机制。挠痒时的大笑可能是我们向"侵略者"屈服的一种自然信号，它能帮助我们向更强大的人发出不想战斗的信号，以消除紧张的局面防止受到伤害。因此我们可以提炼出其模型，即基于预想体验设置的交互激发大脑的响应，大脑根据根植在脑中的响应模型和经验模型做出预料中的大笑效果。

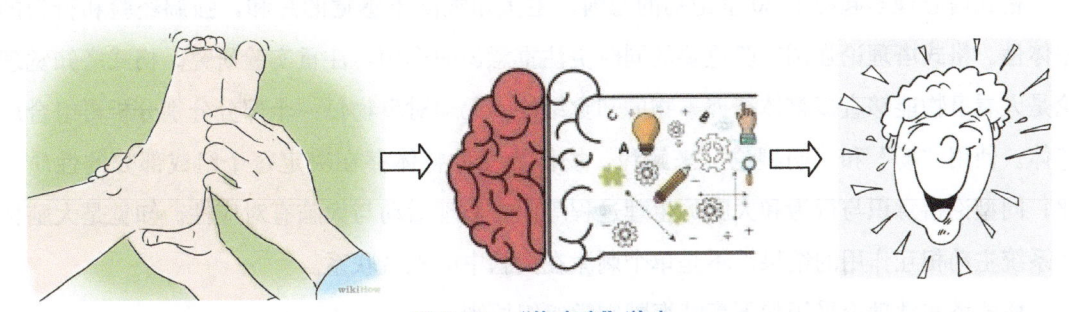

图 2-15 "挠痒痒"游戏

对比这个原理，我们可以认为体验传达就是通过设计的交互元素和符号（含互动点等），通过显性的观察（视觉）、触摸（触觉）、倾听（听觉）、品尝（味觉）、嗅闻（嗅觉）并借助于心理认知模型，最后转化为用户真正感受到的体验。所有的感知觉在心理投射时都会借鉴感觉、记忆和联想 3 个模型，这点值得注意。

2.4.2 相关认知心理

在医学描述中人有耳、目、鼻、唇、舌"五官"，在佛教中有眼识、耳识、鼻识、舌识、身识、意识"六识"。因为体验关注的对象属于意识、感受等非目所能见的东西，因此这里我们认为采用"六识"更为合适，我们在生理上对眼识、耳识、鼻识、舌识、身识从视觉、动作、声音和触觉等 4 个方面分别进行研究。

研究通常从两个方面进行，即感觉和直觉。托马斯认为："感觉是指将环境刺激的信息传入人脑的手段，直觉则是从刺激汇集的世界中抽取出有关信息的过程。"

1. 视觉的认知

视觉传达设计是指利用视觉符号来进行信息传达的设计，所谓"视觉符号"是指人类的视觉器官眼睛所能看到的表现事物一定性质的符号；所谓传达是指信息发送者利用符号向接受者传递信息的过程。视觉传达设计的主要功能是传达信息，它凭借视觉符号传达，不同于靠语言进行的抽象概念的传达。视觉传达设计的过程是设计者将思想和概念转变为视觉符号形式的过程，而对接受者来说则是个相反的过程。视觉传达设计体现设计的时代特征和丰富的内涵，其领域随着科技的进步、新能源的出现和产品材料的开发应用而不断扩大。并与其他领域相互交叉，逐渐形成一个与其他视觉媒介关联并相互协作的设计新领域，其内容包括印刷设计、书籍设计、展示设计、影像设计、视觉环境设计等。

在确保认知传达方面，一些理论被总结出来，如格式塔理论、结构主义理论、生态学理论和符号学理论。

1) 格式塔理论

格式塔心理学起源于 20 世纪初的德国，主张知觉高于感觉的总和，强调经验和行为的整体性。格式塔理论强调经验重要的同时更注重意识的作用，注重实验研究。格式塔知觉理论是人看事物能够直接整体把握事物的知觉结构，无须对事物每一个部分分别分析再组合成整体。使用"场"和"同型论"来解释，场作为一种整体存在决定每个组成部分的性质变化；同型论指意识与行为和大脑的生理过程等同，心理活动与大脑有对应性。知觉是大脑神经系统主动相互作用的结果，不是单个刺激在大脑中的机械联系。

格式塔知觉理论采用如下惠特海默知觉组织原则。

(1) 图形和背景关系：图形能够在背景中显现出来，而形成整体的视觉样式。

(2) 邻近原则：图形在空间上比较接近的部分易被看作一个整体。

(3) 相似原则：相似图形容易被看作一个整体。

(4) 连续原则：按顺序组成的图形中加入新的成分易被看成原图性的延续。

(5) 封闭原则：一个封闭图形易被看作一个整体。

(6) 完美趋向原则：杂乱的图形，易被从对称、简单、稳定和有意义的方面看作更完美的图形。

2) 结构主义理论

结构主义是一种方法论体系，索绪尔发现语言虽然种类繁多，但是结构却基本一致。维柯提出人看到的世界是由其脑中关于真实世界的信念所界定，这些是结构主义的理论基础，结构主义强调了眼睛在感觉过程中的积极变化。

结构主义理论是对格式塔理论的修正，虽然部分揭示了眼睛的持续运动，但没有分析清楚眼睛中的无数定影图像和帮助解释画面的经验记忆之间的联系。

3) 生态学理论

生态学理论从另一个角度对视觉传达进行了补充,提出视觉研究的实验对象不应只限于实验室。观察者在知觉前不必形成关于他看到或听到什么的假设,研究者也不必预先假定某种研究对象的内部心理结构和先天能力。不像结构主义认为的视觉只是由眼睛定影的大量形象组合而成的,而是由光线对视野中物体表面的影响方式决定的,大脑能自动校验物体的大小和纵深。结构主义理论认为人比较物体的大小是依据它们在视网膜上的相对大小,而吉布森认为景象中的纹理梯度也能决定物体大小。

4) 符号学理论

符号学理论在视觉元素聚类方面颇有建树,视觉设计被划分成为图标型符号(最容易被解读,如交通符号)、索引型符号(与它所代表的事物之间有逻辑或常识性的联系,如脚印)和象征性符号(与它所代表的事物之间没有逻辑性,需要说明才能理解,如数字)。通过对符号的整理,可以更有利于传承视觉传达科学。

在实际应用上,基于上述理论瞄准人的抽象、联想、想象等高级思维利用精心设计的视觉元素并对照用户心里的感知觉,在用户心里产生适当的心理映射和情绪。包豪斯说:"设计的目的是人,而不是产品。"外在元素都是为了服务心理映射,即用户体验。

2. 仪式感的动作

规范化的动作长期经过肌肉强化和文广宣传会在脑中形成固定的响应,例如,我们看到如图 2-16 所示的体育运动标志很容易会想到对应的体育运动项目并产生一种运动欲望。

图 2-16 体育运动标志

生活中还有大量的标志性的行为,例如,在中国大部分人生气或者紧张时手就会抽筋或攥成拳头;宣誓一定会双腿并拢紧绷直立,而右手握拳举至与耳同高;握手一定是右手,有时候还会附带上摇晃动作;宣泄压抑或者表达激烈的高兴就会手舞足蹈或向前数次冲拳。这些动作原本是情绪的带动,久而久之,相应的动作照样会带出相应的情绪。这就是长期动作强化以后形成了仪式感,产生了烘托心境的作用。

相应地,动作幅度变大也会让带出来的感觉更为明显。微信 App "摇一摇"的体验是如此,天天 P 图 App 的"吹气"将图片刘海吹起来,以及屏幕水雾 App 的"嘘气"产生水雾也是如此。

引入仪式感的动作和固定化的动作带来新体验与简单地要求单击或者滑动的方式完全不同，这种方式最重要的是利用了用户的心理响应，而不是简单的一种行为。因此带来的体验非常新颖，无怪乎软件下载量火爆了。

心理决定行为，行为是心理的体现。这种"动作仪式感"的背后是行为心理学，它于20世纪初起源于美国的一个心理学流派，创建人为美国心理学家华生。行为主义观点认为心理学不应该研究意识，只应该研究行为。所谓行为就是有机体用以适应环境变化的各种身体反应的组合，这些反应不外乎是肌肉收缩和腺体分泌。它们有的表现在身体外部，有的隐藏在身体内部，强度有大有小。

行为派认为人的心理意识和精神活动是不可捉摸的，也是不可接近的。心理学应该研究人的行为，行为是有机体适应环境变化的身体反应的组合，这些反应不外是肌肉的收缩和腺体的分泌。心理学研究行为的目的在于查明刺激与反应的关系，以便根据刺激推知反应或根据反应推知刺激，达到预测和控制人的行为的目的。

行为派的理论支持主要是以无条件反射为基础而形成的巴甫洛夫效应，以及强调观察学习或模仿学习的社会学习理论。通过这两个理论有助于发现与用户体验相关的行为和动作，发明新的用户体验。

3. 声音的烘托

在没有电视画面的时代声音就是多媒体，是超越日常纯文字的更为"富足"的媒体，曾经有过一个收音机时代如图 2-17 所示。新媒体的出现同样风靡全球，就像现在的小视频火遍全网一样。

图 2-17　曾经有过一个收音机时代

2017年有款感觉上特别"中二"的软件从日本火到了中国，这是一款2D动作游戏《休むな！8分音符ちゃん（不要停！八分音符酱）》，其界面如图2-18所示。

图2-18 "不要停！八分音符酱"的游戏界面

虽然游戏的流程很简单，只需要控制小怪物跳来跳去，但玩法不那么容易。这款游戏不仅需要发声来控制人物，还必须掌握好声音的力度。声嘶力竭大喊会让角色跳得非常高，而细细私语则只会令角色缓慢向前移动。游戏中的障碍物都设计了许多"坑"，如果你想通关，只能拉下面子跟着游戏的节奏大呼小叫了，当然切勿在深夜游玩这款游戏。

这款游戏就是典型的基于声音作为交互方式的软件，声音是有魔力的。在电视机没有大面积流行的时代，黑匣子传出的声音总会让人不经意地被打动而感觉到温暖。

声音的属性由其相关的特性决定，人耳对不同强度和不同频率声音的一定的听觉范围称为"声域"。在人耳的声域范围内，声音听觉心理的主观感受主要有响度、音高、音色等特征和掩蔽效应、高频定位等特性。其中响度、音度、音色可以在主观上用来描述具有振幅、频率和相位3个物理特征的任何复杂的声音，故又称为声音"三要素"。它对于多种音源场合人耳掩蔽效应等特性尤为重要，是心理声学的基础。

由于人耳听觉系统复杂，所以人类迄今为止对它的机理和听觉特性的某些问题还不能从生理解剖角度完全解释清楚，对人耳听觉特性的研究仅限于在心理声学和语言声学中进行。最早研究声音与人的心理感受关系的"声音心理学"由王光祈先生于1927年发起，但这个学科时至今日依然是小众学科。根据声音心理学，对声的感觉都经过物理、生理和心理3个历程。其中的物理和生理关系偏重物理学中声波传输和生理学中的耳部结构，而心理部分则是我们更需要关心的听觉心理。不同的声音有不同的属性，在大脑中留下了不同的印象。这种听觉心理大致来源于3种声音心理现象，即感觉、记忆和联想。

感觉常用来判断两个音是否和谐，当两个音初到大脑立即产生一种融合作用。融合程度越大，则越容易形成和谐的感觉。记忆用来在心理激发早期的感受，已经被大脑接触到的声音会在记忆的同时把当时的感受一并存储下来。因此声音的记忆是过去声音印象在头脑中的反映，是对已输入的、储存的声音的提取。至于联想，则是根据声音属性提取与之类似的事件联想到另一事件并提取其感觉。

4. 触觉的情感

长期的生活印记已经让触觉成了一种最习惯的感觉，比如看到丝一般的感觉或者柔软材料所形成的飘逸感会让你觉得很柔，即便是大理石雕塑（见图2-19）。

在工业设计领域，产品外观的设计和材质的选择必须考虑触觉。对于移动应用开发来说，考虑触觉也是必需的。因为目前相当数量的应用软件都搭载在特定的终端，甚至还依赖手套、手柄等外设。对于具有力反馈的VR类应用软件，需要同时设计临场感，这种设计方式目前还处在研发阶段。

触觉的应用数量不多，但依然有经典的设计。安卓系统在电话拨出后对方接通的瞬间会触发一个抖动，这是一个非常有创意的交互。有了这个功能，我们可以在电话拨打过程中放在正前方用眼睛看，或者是直接继续忙手头没有忙完的事情。而不像某些系统那样必须每次拨打电话后都要即刻放到耳边，专心听对方是否有响应。

图 2-19　让人觉得柔软的大理石雕塑

2.4.3　符号和元素

体验传达就是体验供应链中如何设计视觉符号和互动点将设计的体验传达给用户，相关的符号和元素可以根据是否可视分为视觉传达符号和交互元素。

1. 视觉传达符号

图形和文字是视觉传达设计的关键元素，它直接影响作品的整体效果和内在张力，以及信息的有效传递。作为视觉语言的图形和文字是一种特殊的符号系统，既是反映各种事物不同属性的视觉信息符号，也是我们传达与接收信息的工具与媒介。根据符号与指称对象的关系，可以将符号在视觉传达设计中的运用分为如下3种不同类型。

1）图像性设计符号

这是一种直觉性符号，它通过模拟对象在造型上的相似而构成。图像性设计符号就是被表征对象本身的一种特性，如肖像就是某人的图像符号。人们对它有直觉的感知，通过形象的相似就可以辨认出来。获得第十届中国广告节铜奖的黑妹牙膏的广告作品正是运用了牙齿的图像符号，用牙膏挤出的类似牙齿的形状传达商品能洁白、坚固牙齿的信息；另外，图案、结构图、模型、简图、草图、效果图等都能很好地应用于图像性设计符号中，这些符号都是对现实环境中一些具体事物的模拟或造型描写。图像性设计符号具有直接明了、易读性强等特点，还有诸如地图、体温曲线、科技研究中的各种图表等。这类图像性设计符号特别适宜于国际间的交流与沟通，用于难以通观或不易理解的领域。

2）指示性设计符号

指示性设计符号是利用符号形式与所要表达意义之间的"必然实质"的逻辑关系，基于由因到果的认识而构成指示作用，让人了解其意义。正因为指示性设计符号与它的对象具有这种直接的关系，所以其对象是一种确定、单一、个别、与具体时间和地点相关联的事物或事件，如路标、指针、箭头等。只要某一事物作为此时此地的存在物被表征出来，无论涉及一个人、一幢房子、一座城市、一个测量值、一个具体日期，还是一本书中的一个词，以及有关过去或现在的某个事件的一个信息等，指示性设计符号都在起作用。各种记录性文件就是基于这些大量的指示性符号，对某个事实加以确证的。没有指示性设计符号，人们就不能在一个陌生的城市中找到方位，也不能将事实与虚构区分开来。如门的形象成为入口的指示，表征出入活动；楼梯的形象则构成了上下空间联系的指示性存在。类似的路牌、指示牌等在日常生活中随处可见，为方便人们的生活起到了重要作用。

3）象征性设计符号

象征性设计符号与所指向的对象之间没有必然或内在的联系，而是基于社会上约定俗成的作用，即大家公认它具有某种意义并且延续使用而形成的。它所指向的对象及有关意义的获得是由长时间多个人的感受所产生的联想集合而成的，如狮子作为强大的象征，鸽子作为和平的象征等。象征性设计符号也可以理解为一对包含对象集合的变数，每一个别具体的对象都是这一对象集合的一个要素。若将"狗"理解为变数，那么"狗"就包含了所有过去、现在和将来具体的个别的狗。当然它们也可以通过其固有名称，即指示符号来表征。象征性设计符号在人类生活及艺术美学中都起着重要作用。我们大家都非常熟悉的福田繁雄的反战招贴海报如图 2-20 所示。

这是很好的象征性设计符号的例子，海报的设计采用了代表着战争的炮弹和炮头的图形符号，炮弹向着炮口的方向射出预示着发起战争者必将自取灭亡。

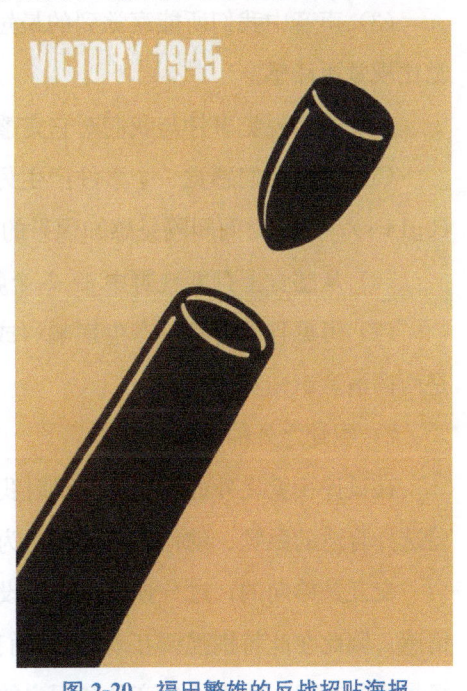

图 2-20　福田繁雄的反战招贴海报

上述 3 种符号类型既各自独立而不可相互替代，又是逐步深化的 3 个层次，由图像符号至指示符号，再至象征符号，其程度不断深化，信息含量不断增加。

2. 交互元素

在此我们从交互的具体设计上进行分类和归纳。

1) 视觉元素的尺寸

在开始着手设计手机界面时，困扰新手问题中最突出的就是不知道元素应该多长和多宽。尺寸的确定方法与每个人设计习惯和每种终端的特点有关，大致可以通过查询规范和生理指标而定。

通常第一反应都是查看官方规范，新人以为官方设计规范的作用就是告诉元素的大小和如何设置，只要看完就能懂得如何设计 iOS 或 Android 应用。而实际上，这些规范并不能帮助新手解决这个问题。因为设计规范涵盖的内容远远比这些复杂，不够直接。我们想要搞清楚 iOS 和 Android 官方元素的具体尺寸，最好的方法就是下载其官方 UI-Kits，官方的参数决定设计的下限。当不知道该怎么做，或者设计的目标就是以系统原生的体验和视觉为准，那么照搬就行。

我们可以通过生理指标按照如下经验决定尺寸等，相当于针对界面控件构建一套自己的体系。

（1）人类色彩感知能力有限。

（2）我们的边界视力很糟糕，即中央凹。

（3）声音中我们所能察觉到的最短的沉默间隔为 1 ms，在短暂的事件和微小差距上听觉比视觉更敏感。

（4）一个视觉事件与我们对它完整感知之间的时间差为 100 ms。

（5）可使我们感觉一个事件产生另一个事件的连续事件之间最长的时间间隔为 140 ms (0.14 s)，这个时间间隔是感知因果的最长时限。

（6）从感觉上判断视野中 4~5 个物体的时间为 200 ms（每个物体 50 ms）。

（7）可见且能对我们产生影响（或许是无意识的）的视觉刺激的最短时长为 5 ms，这是所谓潜意识知觉的基础。

2) 视觉之外的感知觉元素

在设计视觉之外的感知觉元素时我们可以参考上一节的例子，可以为要传达的情感和体验选择合适的触觉、动作和声音等作为媒介构建互动点。

交互是单向的，过分强调单向的设计一定设计不出最好的用户体验，传达不出最合适的情感。因此在此特别强调互动点，我们认为视觉之外的所有感知觉元素都可以构建一个局部场景内的交互。从而达成产品和用户的交流沟通，准确有效地传达体验。

3) 经过优化的流程

业务流程也是体验传达的元素中的重要一环，好坏的主要标准在于实现整体效率的提升和实现工作条理的规范性。这两个标准就是优化流程的标准。

对效率的把控我们可以借鉴一个经验公式,即 3 次点击原则。如果用户在 3 次点击中无法找到信息和完成网站功能,就会停止使用这个网站。当然这种提法是极端的,我们可以不苛求 3 次点击。但是用户的每次点击都可无须思考,即明确无误地选择,而点击的次数自然是越少越好。

3. 符号和元素的选取

选择符号和元素时,需要注意恒常性,即当知觉的条件或对象发生变化时知觉的映像仍保持不变。

1) 大小恒常性

当一个物体离我们远近距离不同时,根据视网膜成像的原理,物体离我们越远,成像越小;离我们越近,成像越大,但与我们实际知觉的映像并不一致。事实上,在一定距离内不论物体离我们远还是近,我们所感知到的某个物体的大小是不变的。

2) 形状恒常性

当我们从不同角度观察同一物体时,物体在视网膜上投射的形状是不断变化的,但是我们知觉到的物体的形状并没有出现很大的变化,这就是形状恒常性。

3) 颜色恒常性

一个有颜色的物体在色光照明下,其颜色并不受色光照的影响而保持相对不变。例如,用红光照射白色物体的表面。我们看到的物体表面不是红色,而是红光照射下的白色,室内家具在不同颜色灯光的照射下其颜色保持相对不变。

4) 明度恒常性

在照明条件改变时,我们仍倾向于让物体表面的明度知觉不变。例如,白墙在阳光和月光下看都是白色的,而煤块在阳光和月光下看都是黑色的。从物体反射的光量来看,阳光是月光的 80 万倍。尽管煤块在阳光下反射的光量比白墙在月光下反射的光量多得多,但煤块在阳光下仍然是黑色的,白墙在月光下仍然是白色的。可见我们看到的物体明度并不取决于照明条件,而是取决于物体表面的反射系数。研究表明视觉线索和人已有的经验在知觉的恒常性中起着相当重要的作用,视觉线索是指环境中的各种参照物给人们提供的物体距离、方位和照明条件等方面的信息。

知觉的恒常性对人们的正常生活和工作有重要意义,它可以使人们在不断变化的环境下仍然保持对事物本来面目的认识,以及对事物的稳定不变的知觉,使人们更好地适应不断变化的环境。

2.4.4 体验传达的基本原则

我们已经知道了用户作为人类所具有的一些生理极限,这些极限在设计过程中被描述为设计原则，下面是其中典型的几个。

1. 3秒钟原则

现代人的生活节奏都很快，网页间的切换速度也越来越快。所谓"3秒钟原则"就是要在极短的时间内展示重要信息，给用户留下深刻的第一印象。当然这里的3秒只是一个象征意义上的快速浏览表述，在实际浏览网页时并非严格遵守3秒。

据《眼球轨迹的研究》得出，在一般的新闻网站上用户关注的是最中间靠上的内容，可以用一个字母F表示，如图2-21所示为眼动仪检测到的人注意力区域。

这种基于F图案的浏览行为有3个特征，一是用户会在内容区的上部横向浏览；二是用户视线下移一段距离后在小范围内再次横向浏览；三是用户在内容区的左侧快速纵向浏览。

图2-21 眼动仪检测到的人注意力区域

遵循这个F形字母，网站设计者应该把最重要的信息放在这个区域，才能给访问者在3秒钟的极短时间内留下更加鲜明的第一印象。因此在设计互联网产品的页面时，等待时间越少，用户体验越好。合理地运用这种阅读行为，对于产品设计会有很好的启发意义。

2. 3次点击原则

根据这个原则，如果用户在3次点击之后仍然无法找到所需信息或完成网站功能，就会放弃现在的网站，这个原则给我们的启示是产品应有明确的导航、逻辑架构。

在网络探索的过程中，点击的次数往往是无关紧要的，我们需要在产品中给用户暗示。即他们总是能知道现在在何处、以前去过何处，以及以后可以去何处。

3. 7±2原则

根据乔治米勒的研究，人类短期记忆一般一次只能记住5～9个事物。7±2原则即由于人类大脑处理信息的能力有限，所以会将复杂信息划分成块和小的单元。这一事实经常被用来作为限制导航菜单选项为7个的论据，对于页面布局的参考意义如下。

（1）避免喧宾夺主，将页面需要完成的主题功能放在页面首要的主题位置。对于那些有必要，但不是必需的功能应尽量避免强行抢占主体位置，以避免影响用户使用最常用及最熟悉的功能。

（2）一个页面的信息量应恰到好处，在提供给用户阅读的区域尽量不要超出其承载量。

4. 费茨定律原则

费茨定律对于互联网产品设计具有很好的启发意义，其解释如图2-22所示。这个定律提出使用指点设备到达一个目标的时间同两个因素有关，即设备当前位置和目标位置的距离

(D) 和目标的大小（S）。

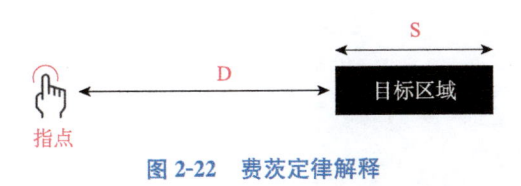

图 2-22　费茨定律解释

在互联网产品的互动环节，用户和鼠标的移动应该是非常密切的。设想要从 A 点（指点）移动到 B 点（目标区域），如何在有限的区域放置内容、以更实用的方式最大化内容可及性、快速提高内容点击率对于用户体验的价值是非常重要的。

在互联网产品中，产品经理经常会遇到类似的问题。例如，在 Web 页面中经常要使用分页功能，这本来是一件给用户带来视觉享受的事情，但是许多分页的页码数字特别小。费茨公式为设计交互提供了一个依据，即设计一些粗大、感性的分页页码数字让用户快速命中目标。也就是说在一个有限的范围内要让目标尽可能无处不在，带给用户舒适的体验。

这些都是比较实用的互联网产品原则，产品经理在欣赏的过程中也需要尝试用这些原则挖掘并归纳，这样更容易领略产品带来的无穷美感。

2.4.5　体验偏差的成因

用户体验做得不好的原因很多，有的是产品设计的问题，有的是开发带来的 Bug，有的是升级换代带来的问题，有的是服务器延迟导致的卡死等。在此我们列举一些常见的体验偏差，以及成因分析，供读者学习，防患于未然。

（1）产品包罗万象，用户如刘姥姥进大观园。一个成型的软件产品一定是走在越来越复杂的路上，早先的 QQ、后来的微博，以及现在的知乎都是从专业领域占据了市场，然后随着后面的改版，不停地增加功能。这种情况导致体验不好的主要原因就是如前文所述的业务流程的问题，即在流程的两个重要标准上负偏离了。

（2）为利益故意隐藏用户关心的功能。OFO 单车交付押金的过程会非常顺畅，但是如果想退押金，则操作的复杂度至少翻一番，而且还不是在同一个逻辑下。

（3）测试强度不够，遗留开发 Bug 是正常的。但是对大公司的软件来说 Bug 则就很不正常，特别是使用面非常广的软件，如腾讯的"公众号助手"在某个操作下会出现如图 2-23 所示的故障提示。站在开发人员的角度，这种提示再正常不过，如果是用户，则丈二和尚摸不着头脑。

（4）软件拥有方只想展示自己想展示的内容，而不在乎用户是否会关心排版、是否容易阅读，以及词语是否容易理解等。某个软件拥有类似发邮件的功能，但是极少有陌生用户能找到发邮件的入口。即使已经打开了下拉菜单，如图 2-24 所示。

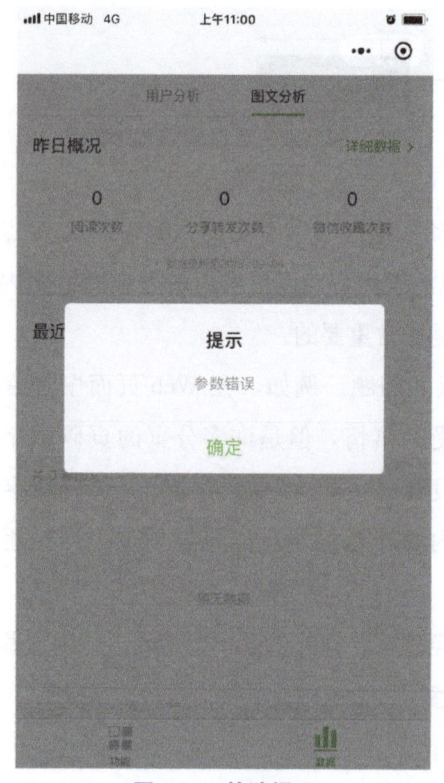

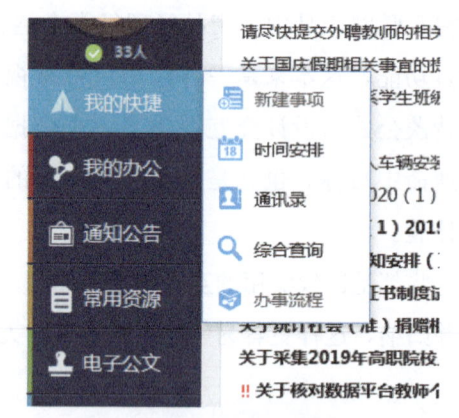

图 2-23　故障提示　　　　　　图 2-24　难以找到发邮件的入口

不过如果能得到一个体验不好的评价，则说明产品有人在用，大量设计不到位的产品根本没有上线的机会。

无论如何，我们都要往好的方面看，直面困难并努力改进。

2.5　交互路径分析

体验是一种感觉，产生在人的内心。无法用仪器监测，也没有一个具体的量化标准。但产品的体验必须要改进，这是刚需。因此业内已经做过很多尝试，其中包括眼动仪的使用等。眼动仪的价格昂贵，初创团队和小企业一般都没有配备。在此我们介绍一种低成本的方法，即交互路径分析供读者采用。

交互设计是一个迭代过程，通过交互路径分析可以及早发现设计中的缺陷，进而进一步完善。通过分析也可发现交互设计中可行、友善、合理或优秀的地方，从而为后续产品的交互设计提供借鉴。交互路径分析根据上线前后可以分为两种类型，即核心路径分析（上线前）及用户行为路径分析（上线后），两者最大的区别是是否有用户数据作为支撑。在上线前我们没有相当数量的用户操作数据，只能根据设计方法分析。

1. 核心路径分析

任何一个软件都有其核心功能，如手机的核心功能就是打电话、管理电话簿、发送短信和管理短信；微信的核心功能就是通信、朋友圈和支付。最核心的功能由公司战略及产品战略决定，因此是已知和既定的。

核心路径分析可以在任何阶段进行，UI 流程图阶段的核心路径分析可以预计核心功能的操作步骤数，以及操作路径上是否有其他干扰因素。基于这个结果可以在早期低成本阶段展开整个系统的优化，而不会对系统进度带来大的干扰。

2. 用户行为路径分析

软件产品的特性决定了只要设计了信息收集点，用户的每一步行为数据都可以获取并分析。根据用户点击行为的分析结果可以验证运营思路、指导产品迭代优化，达到用户增长、转化，提升核心模块到达率的最终目的。

在工作中我们常常会借助转化漏斗、智能路径、用户路径等方式来获得转化率的梗阻点及用户体验差的地方，并且在大量用户投诉之前就解决这些问题，以及时迭代更新。

3. 分析方法和可视化

1）路径穷举法

路径穷举法就是穷举出用户所有可能的行为路径绘制成图，并用 3 次点击原则判断交互是否合理，用这种方法可以对整个产品的体验在上线前进行一次摸底。

结合产品绘制的图可能有两种效果，对于层级足够扁平的产品（扁平化的产品层次如图 2-25 所示）而言，交互深度会相对容易达标。但是很容易出现在一个界面上必须承载超过一项的功能，造成用户点击前的思考难度加大；如果产品层级上单一页面严格控制了可操作的数量，则势必会造成深度过大，此时必须要强化用户在页面跳转时必须可以做到最少的思考；否则体验就会变糟（降低顶面操作难度的层级如图 2-26 所示）。

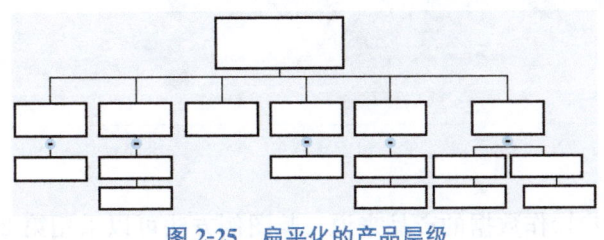

图 2-25 扁平化的产品层级

2）关键路径法

基于企业战略和产品战略列举出产品的关键路径之后，我们可以根据 UI 流程图、线框图等对产品进行关键路径分析，输出基本上也以图形化结果演示。因此单条路径的分析所占

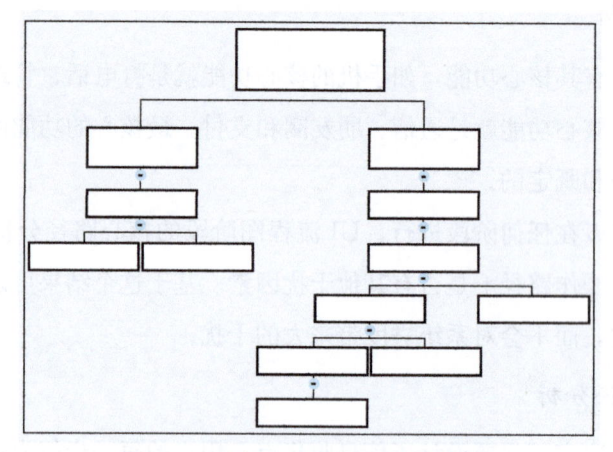

图 2-26 降低了页面操作难度的层级

用时间比较长，需要控制关键路径的数量。事实上，一个产品的关键功能也必须是有限的几个，如 5 个以内；否则产品一定会变得非常庞大，超出大部分用户对信息的掌控能力。

关键路径的图示方法有很多种，从效果上来说我们推荐两种方式，请参阅辛向阳所著的《从屋里逻辑到行为逻辑》以及 Jim Kalbach 所著的《用核心路径法设计页面》。

第 1 种方式的典型案例是分析两个手机操作系统对于打电话这个关键功能所能提供的体验，如图 2-27 所示。图中左边是 iOS，右边是安卓。中间的大圆点是要考评的核心功能，两侧的小圆点是用户在每个界面会遇到的操作入口，而这些圆点的聚合代表他们位于同一个页面上。从图中可以看出用户使用 iOS 打电话的路径清晰、唯一、点击少，体验一定优于安卓。

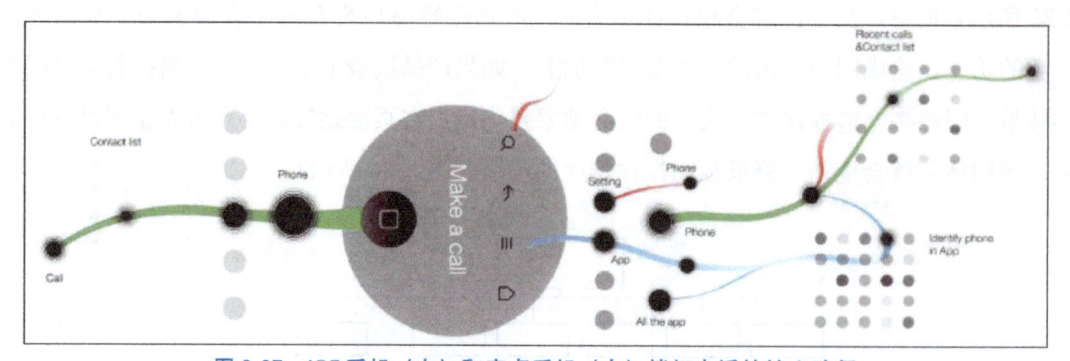

图 2-27 iOS 手机（左）和安卓手机（右）拨打电话的核心路径

对于已经拥有用户操作数据的产品来说，其图例方法可以采用第 2 种。如图 2-28 所示是打印机的核心路径。首先，可以根据用户数据大致整理出目的性相似的 3 个类型的用户，并分别用 3 种颜色表示（左绿、中红、右蓝），这 3 类典型用户的操作数据出现了明显的分类。由图可看出用户针对同一个机器居然出现了 3 种不同的方法，而且线条混乱，众多操作失败。根据这个分析结果，可以认为本产品的任务流程有瑕疵，需要改进。

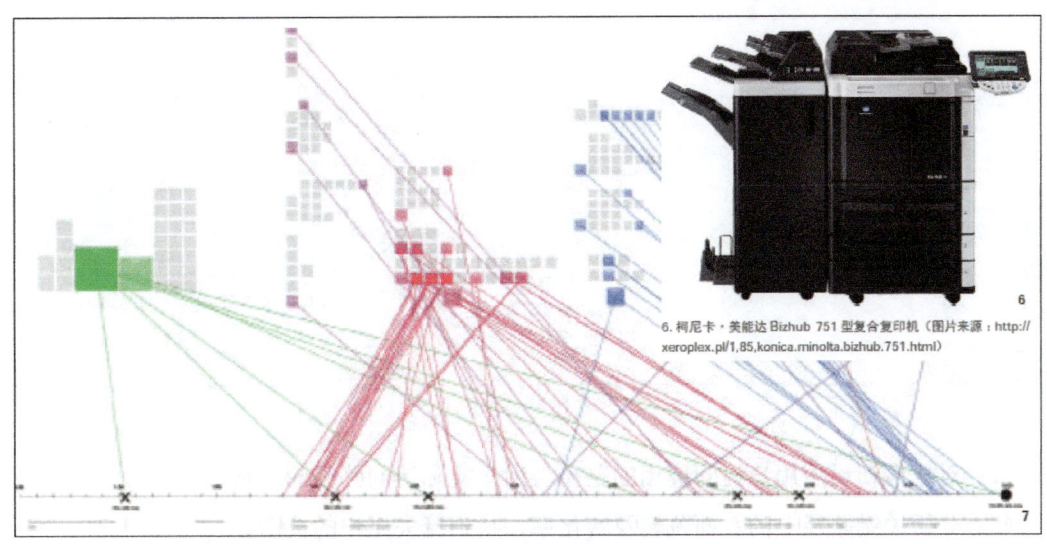

图 2-28 打印机的核心路径

3) 数据分析法

数据分析法首先要求软件有相应的布点,如 Sunburst Partition 可视化分析探索法会用最简单与直接的方式将每个用户的事件路径点击流数据进行统计,并用数据可视化方法将其直观地呈现(推荐 D3.js 图库)出来。

在布点并获得用户数据之后,可以借用分析手段得到基于用户选择的转化目标生成的访问路径。如图 2-29 所示为数据分析之转化漏斗。

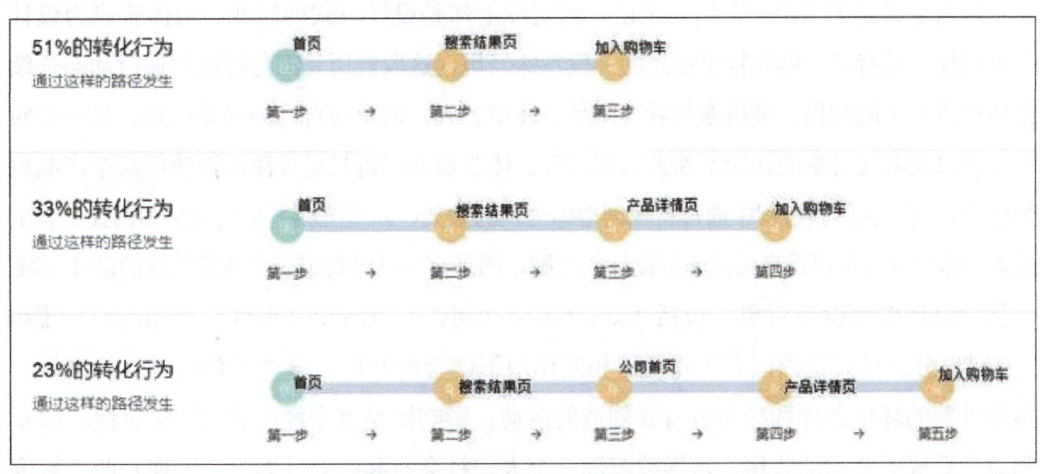

图 2-29 数据分析之转化漏斗 1

也可以按数据分析之转化漏斗 2 的方式展示,如图 2-30 所示横向看展示的是用户按顺序访问应用的前 5 个步骤中所有页面的跳转情况,纵向看展示的是每一个访问步骤下所有到达该步骤的页面。

通过这些分析,我们可以得到量化的数据,并开展以下工作。

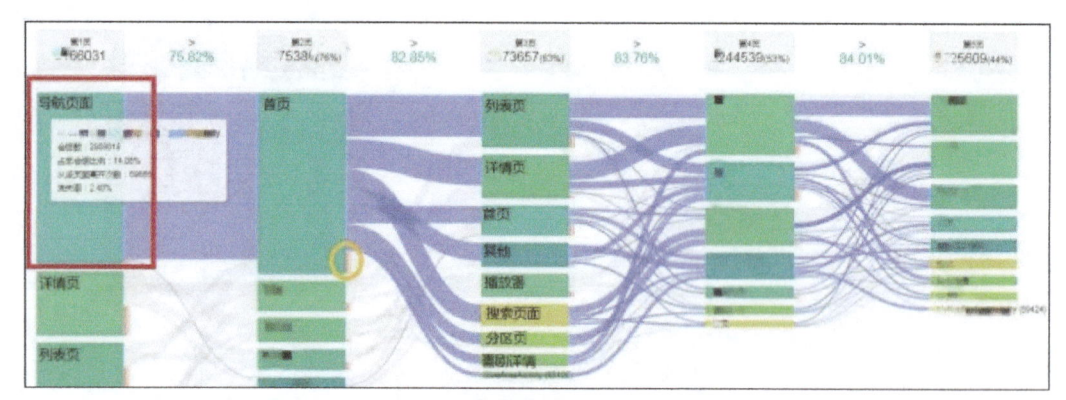

图 2-30　数据分析之转化漏斗 2

（1）对比最初设想用户访问应用的路径与用户实际访问路径的区别。

（2）分析关键路径上的页面跳转及转化率，找到流失用户的页面。

（3）分析到达关键页面的页面来源，分析关键路径到达的页面。

2.6　从用户体验的体验设计

用户体验是传统设计流程的一个环节，强调的还是产品本身应该具有良好的体验。而以辛向阳为代表的前沿研究者正努力拓宽设计领域，在传统重视以产品为中心的设计流程基础上，将用户体验演进为体验设计。

虽然只是去掉了"用户"这个定语，但实际上却是设计范式的转变。当体验成为设计对象，被设计的是特定人群在特定场景的一段特殊经历，这段经历是人与环境相遇时动态连续的相互作用所产生的结果。经历参与者与产品、环境、人，以至与自己的互动过程，是一个对自我、环境以及客观对象的认知不断发展的过程。体验设计不再只是关注用户使用某个产品或服务的感受，而是在体验过程中通过自我创造感悟到的意义，以及沉淀下来的记忆和由此建构的体验故事。体验设计不再是产品或服务设计的准则，而是有自己的特定研究对象的新的设计领域。

体验设计作为设计对象，包括 Expectation（期许）、Event（事件）和 Impact（影响）3 个有机部分。期许是内因和外在诱因相互作用下体验的开始，事件既包括事件的进程，也包括有外部的环境条件和参与者自我创造的活动；影响则是整个经历通过记忆沉淀、故事建构和意义形成等活动的收尾，从影响范围（个人—社会）和时效（即时—长期）两个维度体验设计可以分为用户体验的设计、生活方式、流行趋势和文化建构 4 种不同的定位。从用户体验到体验设计的范式转变中，体验从判断产品与服务的设计原则成为设计对象。设计从关注生活的手段转而关注生命的意义，最后设计师也完成了从创造者到使能者的角色转换。

我们可以畅想，如果体验设计成为一门独立的学科，并且形成了相应的设计体系和流程，那么我们再也不需要通过产品探索用户可能会有什么体验。而是反其道而行之，直奔主题。即从设计伊始便直接以用户的心理反应为目标设计相应的事件，这将是一项非常让人激动的事情。

2.7 课后习题

1. 以人的"六识"为维度分别找出一款软件并进行知觉过程分析。
2. （必做）选定本课程大作业题目，完成以下内容。
①表达创意的脑图。
②UI 流程图。
③PRD 文档。
3. 分析本课程大作业题目的体验供应链。
4. 选定两款功能类似产品的某个核心功能，用交互路径分析法对比其体验。

第 3 章 交互的硬件载体

在体验优秀的软件产品时，我们有时候会非常惊讶，他们怎么能设计出这么好的交互？为什么他们知道手机上有这个传感器？

这些疑问对软件工程师来说非常普遍，软硬件设计之间有条巨大的科技鸿沟。这两条线上的工程师从上大学开始培养路径就完全不重叠，因此造成了软件业大量模仿现象的存在。你添加了心率功能，我也加一个；你能计步，我也能。我们需要认识到模仿是学习的手段，绝对不是创新的途径。

这些疑问背后的原因是软件产品设计工程师缺乏对硬件的了解，甚至惧怕了解。但是科技在发展，智能设备越来越多，普通设备也越来越智能。我们必须要对交互所依赖的设备有基本的了解，只有这样才能具备创新的基础。

3.1 智能手机

手机已经不再是一个简单的通信工具，而是具有综合功能的便携式电子设备。手机的虚拟功能，如交互及游戏都是通过处理器强大的计算能力来实现的。而与现实结合的功能则是通过传感器来实现，未来也将会有更多的传感器被应用到手机中。目前已经搭载的各种传感器多达几十种，以下简单地介绍。

1. 触摸屏

我们每天都在使用触摸屏的电子设备，如手机和平板电脑。我们应该都注意到以前大屏幕手机出现时都配备了一支笔，目前部分车辆上所用的屏幕还是这样。如果需要用手指头操作，则必须用指甲划动才会有响应，这与我们目前所用的手机完全不一样。

原因就是手机触摸屏分为两种，即电阻屏和电容屏。最早出现的是如图 3-1 所示的电阻屏，而现在基本上都已经换成了支持多点操作且体验更好的电容屏。

图 3-1　电阻屏

因为人的手指是导体，所以才会影响电容屏，而使用绝缘物质触碰电容屏则无法操作手机。手机贴膜也可以使用，这是因为手指与 ITO 层原本也不需要接触。中间本身就有玻璃绝缘层，贴绝缘膜的作用只是相当于玻璃厚了一点点，电流依然可以流过手指和屏幕中的导体所形成的电容器。不过如果手套太厚，触碰触摸屏时手指与屏幕中的导体相隔太远，电容比较小，不足以被传感器感知。所以戴着厚手套不能操作手机，这也是淘宝上有大量支持操作手机屏幕的手套，如图 3-2 所示。

图 3-2　支持操作手机屏幕的手套

2. 摄像头

图像传感器类型与尺寸决定画质，传感器尺寸是影响感光元件成像效果的一个关键因素，手机上的传感器与老式相机中的胶卷功能相似。市面上手机使用的主流相机传感器有两种类型，即 CCD 和 CMOS。受制于多种因素，目前手机使用的多为 CMOS。CCD/CMOS 传感器的尺寸很大程度上决定了相片的成像质量，传感器尺寸越大，感光面积越大，成像效果越好。一般情况下，500 万像素的背照式 CMOS 要比 800 万像素传统 CMOS 的拍照效果好。

目前手机摄像头的像素已经从过去的 11 万迅速提升到几千万，在未来的手机摄像头发展中像素会继续提升，像素的清晰度也会随之增加。也就是说，手机摄像头的像素不会停留在 1 200 万或者 1 300 万，而是会研发出更高的像素。

除此之外，手机摄像头的成像功能也会是未来发展的主要方向。手机摄像头不会局限于拍摄时的光线，无论在白天或是夜晚、强光或是暗光环境中都能够正常成像，而且拍摄的照片在清晰度等多个方面也有所提升。目前有些手机的 2 000 万像素已经到达极限，很多生产厂家将研究开发的方向转变为双摄像头，如华为企业对黑白双摄像头的研发通过加强控噪性能实现手机摄像头强大的成像能力。

摄像头的主要用途是拍摄照片和视频，以及 3D 建模和测距等。

3. 麦克风（传声器）

麦克风是将声音信号转换为电信号的能量转换器部件，由"Microphone"这个英文单词音译而来，也称为"话筒"或"微音器"。20 世纪，麦克风由最初通过电阻转换声电发展为电感、电容式转换。大量新的麦克风技术逐渐发展起来，其中包括铝带、动圈等麦克风，以及当前广泛使用的电容麦克风和驻极体麦克风。

硅微麦克风基于 MEMS 技术，体积更小。其一致性比驻极体电容器麦克风好 4 倍以上，所以特别适合高性价比的麦克风阵列应用，其中匹配得更好的麦克风可改进声波形成并降低噪声。按指向性分为心型、锐心型、超心型、双向（8字型）、无指向（全向型），按用途分为测量话筒、人声话筒、乐器话筒、录音话筒等。

麦克风是由声音的振动传到麦克风的振膜上，推动其中的磁铁形成变化的电流，送到后面的声音处理电路放大处理。麦克风额外搭配放大电路之后还可以充当敏感的拾音器使用，用来获取环境中的微弱音频信号。

麦克风的主要用途是采集语音、声压、气流等变化。

4. 光线传感器

光线传感器（见图3-3）也称为"亮度感应器"，英文名称为"Light-Sensor"。很多平板电脑和手机都配备了该传感器，一般位于手持设备屏幕上方。它能根据手持设备目前所处的光线亮度，自动调节手持设备的屏幕亮度，给使用者带来最佳的视觉效果。例如，在黑暗的环境下手持设备屏幕的背光灯就会自动变暗，否则会很刺眼。

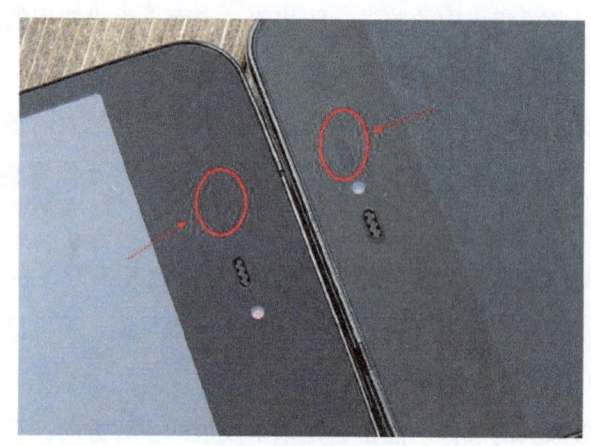

图3-3 光线传感器

光线传感器由两个组件，即投光器和受光器。它利用投光器将光线由透镜聚焦后传输至受光器之透镜，再送至接收感应器。接收感应器将收到的光线信号转变成电信号，进一步控制各种不同的开关及动作。

光线传感器通常用于调节屏幕自动背光的亮度，白天提高屏幕亮度，夜晚降低屏幕亮度使得屏幕更清晰并且不刺眼。也可用于拍照时自动白平衡，还可以配合距离传感器检测手机是否在口袋中防止误触。

5. 距离传感器

距离传感器又称为"线性传感器"，是一种属于金属感应的线性器件，作用是把各种被测物理量转换为电量。在生产过程中距离测量一般分为测量实物尺寸和机械位移，按被测变量变换的形式不同，距离传感器可分为模拟式和数字式。模拟式又可分为物性型和结构型，常用距离传感器以模拟式结构型居多，包括电位器式距离传感器、电感式距离传感器、自整角机、电容式距离传感器、电涡流式距离传感器、霍尔式距离传感器等；数字式距离传感器的一个重要优点是便于将信号直接送入计算机系统，其发展迅速，应用日益广泛。

距离传感器的原理是红外 LED 灯发射红外线被近距离物体反射后，红外探测器通过接收到红外线的强度测定距离，一般有效距离在 10 cm 内。距离传感器同时拥有发射和接收装置，一般体积较大，如图 3-4 所示。

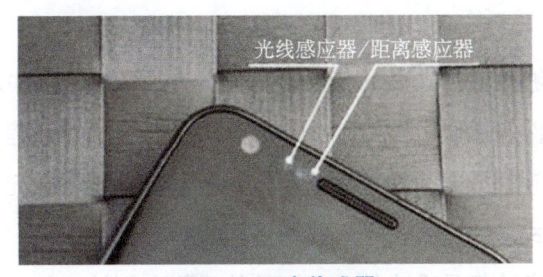

图 3-4 距离传感器

距离传感器的用途是检测手机是否贴在耳朵上正在打电话，以便自动熄灭屏幕达到省电的目的，也可用于皮套及口袋模式下自动实现解锁与锁屏动作。

光线传感器和距离传感器一般放在一起，位于手机正面听筒周围。这样就存在一个问题，即手机的上部上开了太多洞或黑色长条不太好看，所以苹果一直在想方设法减少或者隐藏开孔。黑色面板的手机可以轻易地隐藏这两个传感器，但白色面板有难度。

6. 重力传感器

重力传感器（见图 3-5）采用弹性敏感元件制成悬臂式位移器，与采用弹性敏感元件制成的储能弹簧来驱动电触点完成从重力变化到电信号的转换，属于微机械元件（MEMS）。

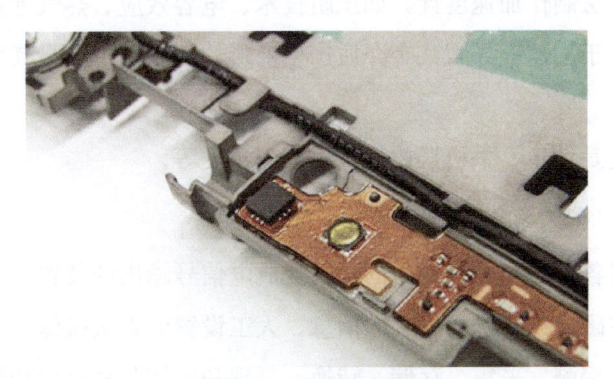

图 3-5 重力传感器

重力传感器根据压电效应的原理工作，压电效应就是"对于不存在对称中心的异极晶体加在晶体上的外力除了使晶体发生形变以外，还将改变晶体的极化状态。在晶体内部建立电场，这种由于机械力作用使介质发生极化的现象称为'正压电效应'"。

重力传感器利用了其内部由于加速度造成的晶体变形这个特性，由于变形会产生电压，所以只要计算出产生电压和所施加的加速度之间的关系就可以将加速度转化成电压输出。还有很多方法用来制作加速度计，如电容效应、热气泡效应和光效应等。最基本的原理都是由于加速度导致某种介质产生变形，通过测量变形量并用相关电路转化成电压输出。

重力传感器的用途是手机横竖屏智能切换、拍照照片朝向及重力感应类游戏等。

7. 加速度计

加速度计是一种能够测量加速度的传感器，同样是 MEMS 元件，通常由质量块、阻尼器、弹性元件、敏感元件和适调电路等部分组成。传感器在加速过程中，通过对质量块所受惯性力的测量，利用牛顿第二定律获得加速度值。根据传感器敏感元件的不同，常见的加速度计包括电容式、电感式、应变式、压阻式和压电式等。

并不是所有的加速度计都是准确的，基本的款式仅有两轴，相对来说不够准确。而三轴传感器可更好地检测设备在三维空间中的位置，实现更精准的记录。

加速度计的原理与重力传感器相同，也是压电效应，通过 3 个维度确定加速度方向。但功耗更少且精度低，多数加速度计是根据压电效应的原理来工作的。

所谓的压电效应就是对于不存在对称中心的异极晶体加在晶体上的外力除了使晶体发生形变以外，还将改变晶体的极化状态并在晶体内部建立电场，以及改变这种由于机械力作用使介质发生极化的现象。

一般加速度计就是利用了其内部由于加速度造成的晶体变形这个特性，由于这个变形会产生电压，所以只要计算出产生电压和所施加的加速度之间的关系就可以将加速度转化成电压输出。还有很多方法制作加速度计，如压阻技术、电容效应、热气泡效应和光效应，但是最基本的原理都是由于加速度导致某个介质产生变形，所以通过测量其变形量并用相关电路转化成电压输出。

加速度计的用途是计步、手机摆放位置的朝向角度等。

8. 磁场传感器（磁力计）

磁场传感器是将各种磁场及其变化的量转变成电信号输出的装置。自然界和人类社会生活的许多地方都存在磁场或与磁场相关的信息，人工设置的永久磁体产生的磁场可作为许多种信息的载体，因此探测、采集、存储、转换、复现和监控各种磁场和磁场中承载的各种信息的任务自然就落在磁场传感器身上。在当今的信息社会中，磁场传感器已成为信息技术和信息产业中不可缺少的基础部件。

磁场传感器的原理是各向异性磁致电阻材料感受到微弱的磁场变化时会导致自身电阻产生变化，所以手机要旋转或晃动几下才能准确指示方向。

磁场传感器的主要用途为指南针、地图导航、金属探测器 App 等。

9. 陀螺仪

陀螺仪的原理是角动量守恒，一个正在高速旋转物体（陀螺）的旋转轴没有受到外力影响时，其指向不会有任何改变。陀螺仪就是以这个原理为依据，来保持一定的方向。三轴陀螺仪可以替代 3 个单轴陀螺仪，可同时测定 6 个方向的位置、移动轨迹及加速度。

陀螺仪的主要用途为体感、摇一摇（晃动手机实现一些功能）、平移/转动/移动手机可在游戏中控制视角、VR 虚拟现实并且在 GPS 没有信号（如隧道中）时根据物体运动状态实现惯性导航。

10. GPS

GPS 的原理为地球特定轨道上运行着 24 颗 GPS 卫星，每一颗卫星都在时刻不停地向全世界广播其当前位置的坐标及时间戳信息，手机 GPS 模块通过天线接收这些信息。GPS 模块中的芯片根据高速运动的卫星瞬间位置作为已知的起算数据，根据卫星发射坐标的时间戳与接收时的时间差计算出卫星与手机的距离，即采用空间距离后方交会的方法确定待测点的位置坐标。

GPS 的主要用途为地图、导航、测速、测距等。

11. 指纹传感器

目前指纹传感器的主流是电容式指纹识别，但识别速度更快且识别率更高的超声波指纹识别会逐渐普及。

电容指纹传感器的原理是手指作为电容的一极，另一极是硅晶片阵列。通过人体带有的微电场与电容传感器间形成微电流，指纹的波峰波谷与感应器之间的距离形成电容高低差，从而描绘出指纹图像。

超声波多用于测量距离，如海底地形测绘用的声呐系统。超声波指纹识别的原理也相同，即直接扫描并测绘指纹纹理，甚至毛孔都能测绘出来。因此超声波获得的指纹是 3D 立体的，而电容指纹是 2D 平面的。超声波不仅识别速度更快，而且不受汗水油污的干扰、指纹细节更丰富且难以破解。

指纹传感器的主要用途为加密、解锁、支付等。

12. 霍尔感应器

霍尔感应器的原理是当电流通过一个位于磁场中的导体时，磁场会对导体中的电子产生一个垂直于电子运动方向上的作用力，从而在导体的两端产生电势差。

霍尔感应器的主要用途为翻盖自动解锁、合盖自动锁屏等。

13. 气压传感器

气压传感器分为变容式或变阻式气压传感器，工作原理是连接薄膜与变阻器或电容。气压变化导致电阻或电容的数值发生变化，从而获得气压数据。

气压传感器的主要用途是修正海拔误差（将至 1 米左右），也能用来辅助 GPS 定位立交桥或楼层位置，以及用来充当晴雨表、气压计等。

14. 心率传感器

心率传感器用高亮度 LED 光源照射手指，当心脏将新鲜的血液压入毛细血管时，亮度（红色的深度）呈现如波浪般的周期性变化。通过摄像头快速捕捉这一规律变化的间隔，再通过手机内的应用换算，从而判断出心脏的收缩频率。

心率传感器的主要用途为运动、健康。

15. 血氧传感器

血液中血红蛋白和氧合血红蛋白对红外光和红光的吸收比率不同，用红外光和红光两个 LED 同时照射手指，测量反射光的吸收光谱就可以测量血氧含量。

血氧传感器的主要用途为运动、健康。

16. 紫外线传感器

紫外线传感器利用某些半导体、金属或金属化合物在紫外线照射下会释放出大量电子，检测这种放电效应可计算出紫外线的强度。

紫外线传感器的主要用途为运动、健康。

3.2 穿戴类产品

手环类产品是近几年随着 Apple Watch 面世而火遍世界的一款民用消费类型穿戴式产品，这种产品具有浓厚的智能机基因。大部分都能安装 SIM 卡及配有加速度传感器、陀螺仪、磁力计、气压传感器、GPS、摄像头等智能机常用传感器，并且在生理指标获取方面还做了大量的改进。

值得一提的是，我们在看各种手环类产品时会提到很多新的、专业且复杂的技术特性，如"潮汐呼吸"的判断。其实这些特性一般来说并没有专门的传感器进行判断，而是基于最基本的传感器采集的数据进行再加工。

1. 光学心率监测器

光学心率传感器是目前运动监测设备逐渐流行的配置，使用 LED 发光照射皮肤、血液吸收光线产生的波动来判断心率水平，实现更精准的运动水平分析。

不过目前对于光学心率传感器的准确性也存在较大争议，因为每种设备都会添加一些肤色弥补技术来适应更广泛的人群，所以不同设备的差异也较大。

目前比较成熟的心率监测方法主要有3种，分别是心电信号法、动脉血压法及光电法。心电脉冲测量使用干性电极技术获取人体心电数据，通过峰值检测到的心率，原理和心电图类似。心脏机械收缩之前会产生一个电激动，可以通过人体组织传到体表，电脉冲测量法就是通过监测这种电激动来测出心率。电脉冲测量法准确度最高，不过由于这种电信号的波长较长，所以监测用的两个电极必须保持一定距离，这在体积很小的穿戴设备上也难以实现。

动脉血压法通过感知动脉血压来监测心率，心脏收缩时动脉中血液流量增加，血压升高；心脏舒张时动脉中血液流量减少，血压降低。这种血压的变化十分明显，用手就能感觉得到，所以过去才有诊脉这种诊断方法。动脉血压法的不足显而易见，由于需要施加一定压力才能感受到这种血压变化，所以长期佩戴这种设备肯定会带来压迫感和不适感。因此除了血压计之外，在其他心率监测设备中很少使用。

光电法基于光电容积图（PPG）技术，分为透射式和反射式。透射式一般通过血氧含量测定心率，血液中的血红蛋白携氧到达身体的各个部位。氧被身体消耗后心脏泵血，将不带氧的血红蛋白送去补氧，同时带来新的带氧的血红蛋白。这种循环和心率的变化是一致的，而带氧的血红蛋白和不带氧的血红蛋白对光的吸收率不同。通过发射特定波长的光线测出血液的含氧情况，从而进一步得到心率数据。这种方法的优点是能同时测出心率和血氧饱和度两个指标，但由于必须要让光线穿透人体组织，所以只能在指尖、耳垂等特定部位使用。手环需要佩戴在手腕上，并不满足透射式PPG的使用条件，所以很少在穿戴设备上使用；反射式则通过光线反射感应血液流动时血管体积的变化，从而测出心率。目前市面上的穿戴设备，如Apple Watch、小米手环2等大多采用这种方法。所以在这些设备的心率传感器上可以很明显地看到光线发射端和接收端，发射端发出绿光，接收端接收身体组织反射的光。使用绿光并不是因为血液是红色的，而是因为所检测的部位除了血液和血管，还有其他组织。这会带来一定的信号"噪声"，影响监测的准确性，而绿光的抗噪能力最强。在透射式PPG中使用的是红光，因为红光波长比较长，穿透力也更强。至于准确性，我们平时的运动、姿势，甚至皮肤颜色都会对光电法的心率测量结果产生影响。

大多数手环和手表测出的心率一般都不是完全准确的，但基本上能正确地反映出心率变化趋势，对于普通人的运动心率监测来说已经够用。

2. 皮电反应传感器

皮电反应传感器是一种更高级的生物传感器，通常配备在一些可以监测汗水水平的设备上。简单来说人类的皮肤是一种导电体，当我们开始出汗时皮电反应传感器便可以检测出汗水率，配合加速度计及先进的软件算法有利于更准确地监测我们的运动水平。

3．环境光及紫外线传感器

环境光传感器模拟人类眼睛对光线的敏感度根据周围光线的明暗来判断时间，并有效节省运动监测设备的电力消耗；紫外线传感器则可监测到光线中的紫外线指数，实现防晒提醒操作。

4．生物电阻抗传感器

Jawbone 的新款 UP3 运动手环配备了更先进的生物电阻抗传感器，可通过生物肌体自身阻抗来实现血液流动监测，并转化为具体的心率、呼吸率及皮电反应指数。这是一种更先进的综合生物传感器，准确性也相对更高。

5．环境温度传感器

这款传感器可以用来提供更准确的生物数据，与用户皮肤体温对比确定最适宜的运动强度。

6．皮肤温度传感器

皮肤温度传感器是必不可少的，可以帮助用户了解自己的健身强度。

7．皮肤电导传感器

皮肤电导传感器可以测量皮肤电反应，即计算用户的排汗量。B1 腕带已经集成了这款传感器，可以很好地计算运动水平及燃烧的卡路里。

8．血氧传感器

血氧传感器可以测量血氧值，对于准确的脉搏率检测至关重要。

随着传感器的进化有利于实现更精准的身体数据监测，让运动监测设备变得更好用。未来这些传感器配合更先进的软件算法可能帮助我们获得更准确的监测数据，甚至能够分享到医疗机构，从而帮助我们预防疾病。

3.3　其他设备

手机和穿戴类产品是我们日常生活中接触过的最为平常的智能产品。事实上，随着科技的发展，专业玩家和细分领域的智能设备日新月异，这些智能设备拥有大量相对专用的人机交互设备。

1．三维鼠标

看过《流浪地球》这部国产科幻大片的读者应当记得剧照中开车的方式，电影的解说为："汽车方向球技术极大地减轻了驾驶重型车辆的身体负担，可以让更大年龄区间的驾驶员承担驾驶运载车的任务。"这个技术作为一种经典交互方式至今依然在使用。

如图 3-6 所示为《流浪地球》剧照。

图 3-6 《流浪地球》剧照

无线三维鼠标如图 3-7 所示，它可以套在用户手腕处，通过在空气中移动或旋转完成操作。随着三维游戏逐渐增多，使用这款鼠标的玩家将获得更独特、灵活的游戏体验。据介绍，无线三维鼠标的耗电仅为普通光电鼠标的 1/20。

无线三维鼠标常被用于 6 个自由度 VR 场景的模拟交互，可从不同的角度和方位对三维物体观察、浏览、操纵。并可与数据手套或立体眼镜结合使用作为跟踪定位器，因此在机械设计领域有大量应用。

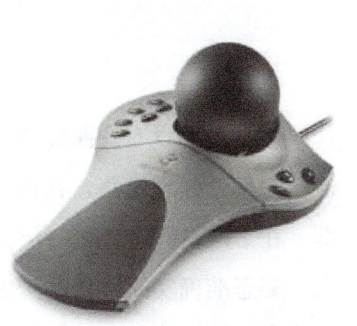

图 3-7 无线三维鼠标

2. 手柄和操纵杆

在游戏场景下需要身临其境的感受，如果此时我们的姿态受到外部装置（电脑桌、鼠标）等的约束，则一定很难产生沉浸感，也就达不到游戏最好的体验。如图 3-8 所示为 Xbox 手柄和操纵杆。

图 3-8 Xbox 手柄和操纵杆

手柄和操纵杆可以使操作更加顺滑（手机贴了钢化膜的前提下），握感更舒适一些。有些还有散热的功能，但是存在操作延迟的情况（与手柄质量有关）。手柄和操纵杆作为集成化的外设不仅能够输出相对移动，还能进行选择，也能通过搭载的陀螺仪等利用人的自身姿态的变化而同时输出多个数据控制虚拟角色。

3. 数据手套

数据手套如图 3-9 所示。

这是一种多模式的虚拟现实硬件，通过软件编程可进行虚拟场景中物体的抓取、移动、旋转等动作，也可以利用它的多模式性作为一种控制场景漫游的工具。数据手套的出现为虚拟现实系统提供了一种全新的交互手段，目前的产品已经能够检测手指的弯曲，并利用磁定位传感器来精确地定位手在三维空间中的位置。这种结合手指弯曲度测试和空间定位测试的数据手套被称为"真实手套"，可以为用户提供一种非常真实自然的三维交互手段。

图 3-9　数据手套

数据手套设有弯曲传感器，它由柔性电路板、力敏元件、弹性封装材料组成。通过导线连接至信号处理电路，在柔性电路板上设有至少两根导线。以力敏材料包覆柔性电路板大部，在力敏材料上包覆一层弹性封装材料。柔性电路板留一端在外，用导线与外电路连接把人手姿态准确实时地传递给虚拟环境，而且能够把与虚拟物体的接触信息反馈给操作者。使操作者以更加直接、自然及有效的方式与虚拟世界进行交互，大大增强了互动性和沉浸感。并为操作者提供了一种通用、直接的人机交互方式，特别适用于需要多自由度手模型对虚拟物体进行复杂操作的虚拟现实系统。

4. Kinect 体感

游戏在向更佳沉浸感进化的过程中，发现用身体感受电子游戏更容易获得行为上的体验，因而推出了体感游戏。这种游戏突破了以往单纯以手柄按键输入的操作方式，是一种通过肢体动作变化来操作的新型电子游戏。

2006 年任天堂发布的新一代游戏主机 Wii 第 1 次让玩家感受到除了传统的手柄按键控制之外，用户还可以直接用身体动作来控制屏幕上的游戏人物。

体感游戏的技术支撑就是人体骨骼数据提取，以及手势、姿势、动作等玩家的肢体动作识别。微软公司于 2010 年推出的 Kinect 实际上是一种 3D 体感摄影机，利用即时动态捕捉、影像辨识、麦克风输入、语音辨识、社群互动等功能，基于这种设备开发者可以开发诸如教育、训练、娱乐等各方面的应用。

如图 3-10 所示为体感游戏和 Kinect。

图 3-10　体感游戏和 Kinect

5. 头盔式显示器

头盔式显示器即头显，如图 3-11 所示。

这是虚拟现实应用中的 3D VR 图形显示与观察设备，可单独与主机相连以接收来自主机的 3D VR 图形信号。使用方式为头戴式，辅以 3 个自由度的空间跟踪定位器可观察 VR 输出效果；同时观察者可做空间上的自由移动，如自由行走、旋转等。在 VR 效果的观察设备中头盔式显示器的沉浸感优于显示器的虚拟现实观察效果，逊于虚拟三维投影显示和观察效果，在投影式虚拟现实系统中头盔式显示器作为系统功能和设备的一种补充和辅助。

图 3-11　头盔式显示器

头盔式显示器的原理是将小型二维显示器所产生的影像借由光学系统放大。具体而言，小型显示器所发射的光线经过凸状透镜使影像因折射产生类似远方效果，利用此效果将近处物体放大至远处观赏而达到所谓的全像视觉（Hologram）。

Google VR 眼镜盒子是头显的简化版，去掉了显示功能。需要额外放置手机等充当显示面板，如图 3-12 所示。

图 3-12　Google VR 眼镜盒子

它的主要用途为 VR 显示，搭配操作手柄可以形成虚拟现实环境的交互。

6. 力反馈装置（力反馈器）

力反馈装置代表了人机接触交互技术方面的一种革新，以往计算机用户只能通过视觉（最多加入听觉）与其进行交互。很明显，触觉作为许多应用场合中最重要的感知方式没有被加进去，6自由度力反馈装置的出现改变了这一切。就像显示器能够使用户看到计算机生成的图像，扬声器能够使用户听到计算机合成的声音一样，力反馈装置使用户接触并操作计算机生成的虚拟物体成为可能。

如图3-13所示为力反馈方向盘。

力反馈的作用是让玩家感受到游戏中力的真实存在。只要游戏中有支援力反馈的功能（现在很多游戏已经支持），在游戏进行之中便可以模拟车辆在行进中所遇到的各种振动，或是利用力反馈来表现目前车辆遇到的阻碍。力反馈器更多时以辅助功能添加在现有设备上，所以玩家使用力反馈的功能后会不太适应。因为不像以前要怎样开车就怎样开车，想要转弯可能会觉得方向盘有些阻力，这是为了模拟真实环境下的操纵感而加上效果。除了方向盘之外，力反馈的设备还很多，如震动手柄及飞行摇杆等。

图3-13 力反馈方向盘

如图3-13所示为力反馈方向盘，在力反馈设备中力反馈方向盘是最常见的交互设备。通过增加的与场景匹配的阻尼，让游戏玩家更有现场感。但总的来说目前力反馈设备并不普遍，因为市场小导致研发成本高，所以产品价格居高不下。

3.4 交互设备发展趋势

人机交互从诞生开始的发展目标就是让人—机的交互和人—人交互一样自然、方便，上下文感知、眼动跟踪、手势识别、三维输入、语音识别、表情识别、手写识别、自然语言理解等都是认知与智能用户界面需要解决的重要问题。

在未来的计算机系统中，将更加强调"以人为本"和"自然、和谐"的交互方式，以实现人机高效合作。概括地讲，新一代人机交互技术的发展将主要围绕集成化、网络化、智能化、标准化等几个方面。

1. 集成化

人机交互将呈现出多样化、多通道交互的特点，桌面和非桌面界面，可见和不可见界面，二维与三维输入，直接与间接操纵，语音、手势、表情、眼动、唇动、头动、肢体姿势、触觉、嗅觉、味觉，以及键盘、鼠标等交互手段将集成在一起是新一代自然、高效的交互技术的一个发展方向。

2. 网络化

无线互联网、移动通信网的快速发展对人机交互技术提出了更高的要求，新一代的人机交互技术需要考虑在不同设备、不同网络、不同平台之间的无缝过渡和扩展。以支持人们通过跨地域的网络（有线与无线、电信网与互联网等）在世界上任何地方用多种简单的自然方式进行人机交互，而且包括支持多个用户之间以协作的方式进行交互；另外，网格技术的发展也为人机交互技术的发展提供了很好的机遇。

3. 智能化

目前，用户使用键盘和鼠标等设备进行的交互输入都是精确输入，但人们的动作或思想等往往并不很精确。人类语言本身也具有高度模糊性，人们在生活中常常习惯于使用大量的非精确的信息交流。因此在人机交互中使计算机更好地自动捕捉人的姿态、手势、语音和上下文等信息，以了解人的意图并做出合适的反馈或动作。从而提高交互活动的自然性和高效性，使人—机之间的交互像人—人交互一样自然、方便是计算机科学家正在积极探索的新一代交互技术的一个重要内容。

4. 标准化

目前，在人机交互领域 ISO 已正式发布了许多国际标准，以指导产品设计、测试和可用性评估等。但人机交互标准的设定是一项长期而艰巨的任务，并随着社会需求的变化而不断变化。

目前已经演进并开发出的新的交互设备有以下几种，其中大部分仍然处于研发阶段，还需要进一步拓展商业化。

1) 三摄像头

在最新推出的 iPhone 11 Pro 的背面可以看到 3 个摄像头，苹果为什么要提供这种配置？因为收集的光越多，照片的质量就会越好。不久之前单个后置摄像头基本达到极限，用户可以用 2 个、3 个，甚至 12 个摄像头来拍摄照片，唯一的限制是让它们变成可行的代码。iPhone 11 Pro 同时配有 26 mm 广角镜头、13 mm 超广角镜头和 52 mm 远摄镜头，其光学选项覆盖了大约为 35 mm 的焦距。

苹果高管菲尔·席勒（Phil Schiller）在发布会上说：“有了这 3 个摄像头，你就拥有了令人难以置信的创意控制力。拍摄功能非常专业，你会喜欢上它的。”

如图 3-14 所示为 iPhone 11 Pro 的 3 摄像头。

此前，远摄镜头配合广角摄像头来产生肖像模式效果，或者在用户频繁缩放时进行切换。通过结

图 3-14　iPhone 11 Pro 的 3 摄像头

合来自这两个视角略有不同的摄像头的信息,该设备能够确定深度数据,让它能够模糊背景的某一点等。

超广角镜头提供了更多的信息,可以提高肖像模式等功能的精确度。在专用的传感器和摄像头系统中广角的一个好处在于它的创作者能够进行大量的修正,这样就不会出现角落或中心位置疯狂失真的问题。

我们都习惯了缩放操作,但这样通常做的是数码缩放,即只是在从更近的距离观察已经拥有的像素。然而使用光学变焦可以在不同的玻璃镜片和不同的传感器之间切换,从而在不降低图像质量的情况下更接近于还原拍摄场景。

3个镜头的一个优点在于它们经过精心挑选,能够很好地配合使用。其中镜头是 13 mm,广角镜头增加一倍到 26 mm,远摄镜头增加一倍到 52 mm。

至于这种交互技术的未来,双摄技术领导者 Corephotonics 公司的高管 Eran Brima 认为:"三摄是一个全新的领域,它马上就会到来,但尚未证明其价值。"

2)高精度定位

在很多场景下,我们必须要获得目标的精确位置。在物联网定位领域有射频(RF)、Wifi、超宽带(UWB)、ZigBee、红外、蓝牙、超声波、GPS、基站等多种定位技术,每种技术都有其优点和局限性。所有的产品设计人员必须要知晓其局限性(见表3-1),以免从方案阶段就出现失误的情况。例如,在室内采用GPS定位等完全不可行的方案。

表 3-1 常见物联网定位技术对比

定位技术	原理	精度	耗电	速度	覆盖范围	应用场景	成本
GPS	空间位置计算	高,10米	高	慢	广	室外	高
WiFi	指纹定位	中,35米	低	快	广	通用	低
基站	3点定位	低,城市级别	低	快	最广	通用	低
蓝牙	指纹定位	高,3米	低	快	小	室内	高
地磁	指纹定位	高,5米	低	快	小	室内	高
IP	IP注册	低,城市级别	低	快	广	通用	低
UWB	指纹定位	很高,厘米级别	低	快	小	室内	中
VPS	图像搜索	很高,厘米级别	低	中	小	通用	中

选择定位技术时最重要的两个考虑因素就是场景和成本,离开场景考虑定位是完全不可行的,会提出没有使用价值的方案。而离开成本考虑问题,同样会造成严重问题,任何一个项目都有其成本约束。例如,如果我们需要在智能设备上开发软硬件系统,则解决隧道施工人员遇到事故时的定位问题,那么这个场景的特点如下。

(1)严重遮蔽环境能工作。

(2)精度要求为分米级。

针对这个场景,解决办法就是开发基于UWB定位技术的室内定位系统(见图3-15)。

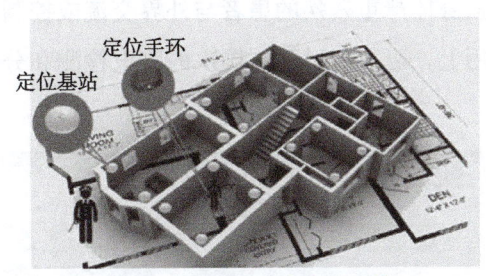

图 3-15 UWB 室内定位系统

人员佩戴的定位标签利用 UWB 脉冲信号发射出位置数据,定位基站接收并计算出定位标签信号到达不同定位基站的时间差,然后处理软件对位置进行计算最终得到被定位物体的位置。

3) 智能服装（Data clothes）

作为一种穿戴式智能产品,智能服装将配备多个能量收集器、处理器、传感器、显示器、电池等,还包含将这些设备连接起来的导线。智能服装的好处是可以更贴近生理参数的测试部位,以及有大面积区域供能量采集使用。因此用户穿上这种衣服,在医疗应用方面就可以测血压、测心率、量体温,随时监控健康情况；在居家生活方面用户可以坐在沙发上控制音乐或视频的播放,还能配合 VR 耳机或眼镜玩更具身临其境感的全拟真体感游戏等。

这项技术也意味着用户所有的可穿戴设备都可以使用更小的电池,甚至不用电池。出门在外不用再带充电宝或充电线,因为插在衣服口袋里就能给手机充电。如果口袋电量也不足,不用担心,跑几步就有电。

如图 3-16 所示为三星智能服装专利附图。

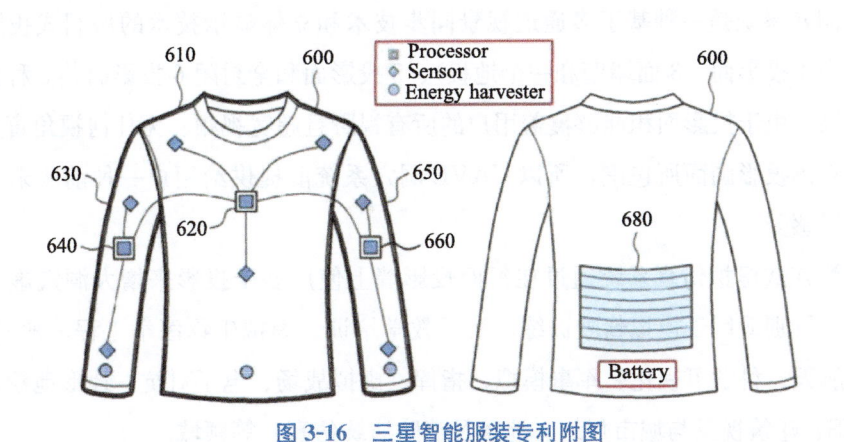

图 3-16 三星智能服装专利附图

4) 脑机接口

脑机接口（见图 3-17）是在人脑与计算机或其他电子设备之间建立的直接的交流和控制通道,通过这种通道人可以直接通过脑来表达想法或操纵设备,而不需要语言或动作。脑机接口技术是一种涉及神经科学、信号检测、信号处理、模式识别等多学科的交叉技术。

在医学上可以有效增强身体严重残疾的患者与外界交流或控制外部环境的能力，以提高其生活质量。而在其他应用上，可以通过不同层次的脑电检测和分析技术为人机交互提供新的途径。

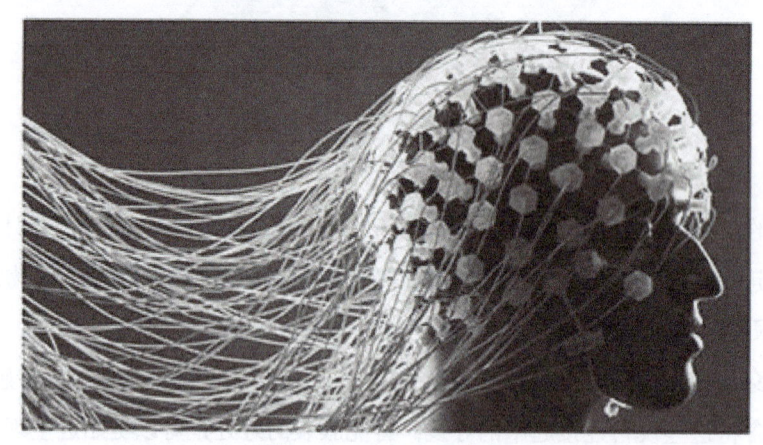

图 3-17 脑机接口技术

2019 年的《Science》杂志报道了美国卡内基-梅隆大学教授贺斌团队开发的一种可与大脑无创连接的脑机接口，能让人用意念控制机器臂连续、快速运动。换句话说，现在人类已经可以不用说话，只要通过意念就可以随心所欲地控制外物的移动，以意驭物。不过目前这种精准的脑机接口技术大多还处于研发阶段，已经投入产业化的大部分仅限于分析电压高低，而无法做到信号解读。

5）洞穴式显示器

CAVE 洞穴系统是一种基于多通道视景同步技术和立体显示技术的房间式投影可视协同环境，分为 4 投影面（3 面墙壁和一个地板）、5 投影面和全封闭 6 投影面共 3 种虚拟现实完全沉浸效果。由于投影面积能够覆盖用户的所有视野且超宽视频、无任何视角盲点，用户完全被一个立体投影画面所包围，所以 CAVE 洞穴系统能提供给用户一种前所未有的带有震撼性的沉浸感受。

CAVE 洞穴式虚拟仿真系统通过在每面投影墙上使用多个投影来增大洞穴虚拟显示系统的分辨率，特别适用于模拟驾驶训练、演示教学培训、虚拟生物医学工程、地质、矿产、石油、航空航天、科学可视化、军事模拟、指挥、虚拟战场、电子对抗、地形地貌、地理信息系统（GIS、建筑视景与城市规划、地震及消防演练仿真）等领域。

如图 3-18 所示为大型 5 面洞穴式显示器。

本质上，洞穴式显示器是一种多面沉浸式环境，其关键是高清数字图像融合处理技术。这种技术的亮点一是立体显示，贴近真实；二是支持半实物仿真训练，如半实物石油采集系统、军事虚拟训练、航空仿真等需求；三是支持人体动作捕捉，进行虚拟人动作模拟；四是支持各种环境的虚拟模拟互动，可实时监测虚拟实物的操作及实时反馈作用；五是支持多人参与。

图 3-18　大型 5 面洞穴式显示器

6）三维扫描仪

三维扫描仪如图 3-19 所示。它是集成了光、电和计算机于一体的高新设备，主要是用于采集物体表面的特征及物体的结构。并在电脑中建立物体的数字模型，从而获得物体的空间信息，进而应用于 3D 打印及逆向工程等领域。三维扫描仪是一种快速的三维测量设备，因其精度高、速度快和非接触等优点在越来越多的行业得到广泛应用。

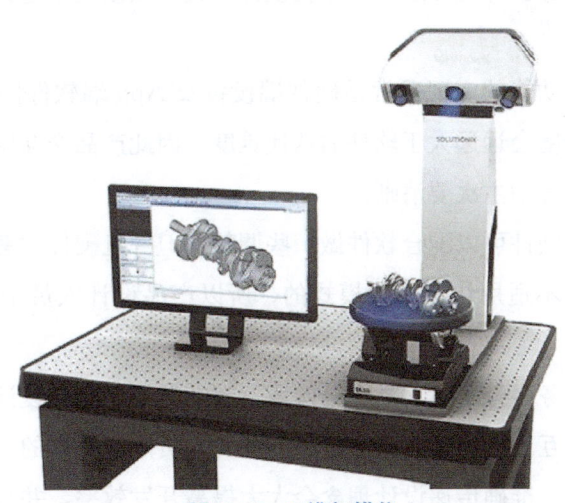

图 3-19　三维扫描仪

三维扫描仪的主要功能在于构建三维模型，实现人工建模所达不到的精细程度，并大大提升建模效率，在考古、艺术、车辆等领域有大量应用。

3.5　智能硬件交互设计注意事项

依托智能硬件的交互设计与纯软件的产品设计区别相当大，常规上用户使用产品大部分可感知的反馈来自视觉与听觉，接触皮肤的穿戴设备还可包括触觉、行为、声音等。产品能提供怎样的反馈完全取决于定义产品要解决的问题，可以讲述什么不能讲述什么，做到矜持不越矩。

例如，有的产品拥有显示屏，视觉上能提供丰富信息。这种产品的使用方式一定是沉浸式的，手机是代表；有的产品虽然拥有显示屏却提供很简单的反馈，Apple Watch 就是例子。因为 Watch 只把它能讲好的故事讲了，并不涉及超出其使用场景的多余交互功能；有的穿戴设备用 LED 灯做视觉交互，甚至连灯都没有（戴在脚踝、腰上的穿戴设备）。因为这些产品仅解决运动场景下的几个提示问题，其余查看详情等问题由用户通过手机或者电脑解决去。

产品往往越做就越想加入新的功能需求，每加一个功能就要考虑增加新交互设计样式，有时交互复杂性超出了硬件所能表达的范畴。只有 LED 灯的产品是没办法讲清一个具有复杂图形的故事，所以往往要精简交互流程，基于现有硬件完成其最拿手的交互方式。要想完成复杂全面的功能就要把硬件产品放到系统中，由整个系统完成。

具体而言，我们需要注意如下方面。

（1）智能硬件产品的交互设计需要硬件载体支撑，因此设计人员必须熟悉各种硬件的规格与参数，了解技术边界。并且知道交互体验设计的技术限制在哪里；否则交互设计就是空中楼阁，无法落地。

（2）智能硬件产品功能的实现通常是硬件端设备及 App 端软件协同完成，硬件方案一旦确定，后期变更的难度会远远大于软件的迭代难度。因此产品交互设计硬件先行，软件是从属关系，设计决策过程中主次要清晰。

（3）产品设计早期硬件可以配合软件做一些调整，但一旦硬件方案经过测试，软件研发人员必须要知道硬件是不适用快速迭代模式的，所以产品设计人员千万要注意二者基因的不同。

（4）产品需求定义务必与研发人员充分沟通，越细越好。交互设计师除了要输出符合程序员工作习惯的详尽交互文档，还非常有必要向研发人员阐释自己的设计理念。每个人对产品定义的理解都有偏差，准确传递设计理念会大大提高开发效率，并且在一定程度上减少需求落地跑偏的情况，以及很多不必要的沟通。

（5）在硬件产品中，状态提示是产品交互设计的一个重点，目前智能硬件中最常见的状态提示就是声音和灯光。不要忽略这个点，它会贯穿整个交互任务流。灯光和声音的合理设计关乎整个产品的核心体验，看似简单的交互反馈要做到契合用户的心理模型，需要多花点时间琢磨与测试音色、音调、音量、灯效时长、灯色搭配。

（6）硬件产品的用户体验是磨出来的，必须盯紧动效参数调校、像素级的细节调整，多磨多试错不能怕烦琐。交互设计师和程序员全方位成为合作伙伴后，会发现以前没法搞定的体验问题突然就迎刃而解了。

（7）慎用 Axure 的动态面板，交互设计原型除了演示需要，还是提供给开发人员的交互文档。通常动态面板中处于隐藏状态下的页面需求有很大可能性会被开发人员忽略，从而导致需求信息传递不到位。极大可能会导致后期类似"我的功能呢？"的癫狂，所以必须尽量不要使用动态面板。

（8）立项后和启动前务必要了解清楚整个产品的各项功能需求在研发部门的开发分工情况，如系统、平台、语义、手机前端、算法及硬件，交互设计师哪项功能具体是落地到了哪个开发人员手上？他们之间的协同关系怎么样？这些都需要心中有数。因为项目是一个整体，但研发人员是独立的，每个人只负责一个模块，于是中间就有了太多需要协调串联的情况，它直接关系功能实现的质量和最终的产品体验。也许你会问"难道研发部门内部没有管理角色吗？"这是远远不够的，一个看似简单的定义可能有多种实现方式。研发人员关注的点往往是任务完成与否，而交互设计师需要关注的是完成的质量如何？体验如何？一个功能开发完成与完成质量之间还有很长的距离。事实上交互设计师的一项重要修炼课程就是学会如何推进需求落地并对体验负责，即重在过程把控。

（9）产品核心任务的交互过程往往暗藏持续简化的空间，这个情况软件和硬件都通用。这个空间就是体验提升的空间，看似不起眼，堆叠起来对于产品体验而言就是质的蜕变。

（10）交互文档的核心任务流程图清晰明确、各类交互状态描述无遗漏且定义清晰，说明文档简明扼要，切图完整，排版展示一目了然。除了输出完整文档外，如果时间允许，为研发人员跟进其任务把不同的功能交互文档分拆打包给指定对象，则说明交互设计师不仅是体验设计人员，而且是真正在生活中身体力行且重视体验的天使。

3.6　课后习题

1. 对比 iPhone 6s 及华为 Mate 8 两款手机搭载的硬件。
2. 跟进最新款手机，列举其新搭载的硬件并畅想基于此硬件能开发的新交互。

第 4 章 为运营搭台

运营有一个孪生兄弟运维，从工作内容来说：运营重点在经"营"，即关注企业核心利益和收益，站在直面用户的第一线；运维重在"维"护，是对项目的日常运行维护。因此运营比运维繁杂，也更重要，工作内容与市场部会有交集。

运营的工作繁杂到什么程度？流传的说法如下：

（1）每次做 PPT 方案时都以为我是策划。
（2）做创意 H5 时都以为我是程序员、设计师。
（3）说服开发人员时活脱脱成了演讲大师。
（4）各种合同审批扑面而来时都以为我是财务。
（5）回答各种用户社群问题时都以为我是客服。
（6）做分析总结时都以为我是数据分析师。
（7）拓渠道谈各种商务合作时以为我是市场经理。
（8）追热点时都以为我是香港记者。
（9）屯各种案例、素材时都以为我是哆啦 A 梦。

上述说法直接说出了运营工作内容的特点：一是往前对接开发工程师，往后直面用户；二是事前要策划方案，事后要分析数据；三是既要策划活动，又要关注内容；四是做促销要照顾成本，做外联要把握产品策略。所有这些特点必须要以产品为载体，如果没有产品的支撑，套用一句广告词就是"再好的戏也出不来"。因此产品设计人员必须要知晓运营的工作内容，了解如何为运营搭台，以及如何在设计过程中引入运营作为智囊，才能真正设计出一款能协助企业发展的产品。

4.1 常见的运营方式

运营岗位是做什么的？在分析运营方式之前，我们有必要明确一下。这个问题即便是具有 5 年工作经验的运营人员都未必能很好地回答，其原因并非运营岗位工作内容不确定或者界定模糊，而是提问双方很可能来自不同产品线，如同管中窥豹。或许问的人看见的是豹头,而答的人经常面对的是豹腿。

产品一旦面世,最重要的事情就是将产品推广出去,触及可能多的用户并让用户接受和使用。"AARRR"模型是解释这个过程的最佳漏斗,即获客、激活、存留、获利、传播,运营岗位就是对整个过程负责的岗位。不同产品在"AARRR"的5个环节中必有侧重,这也是为什么有时都是运营岗位却仿佛是鸡同鸭讲,沟通失败的原因。

宏观上说,运营岗位负责为产品传递价值、打造产品生态、提升产品体验;微观上讲,运营岗位的任务就是获取用户、激活用户、维系用户。而要真正完成这3个任务,方法多种多样。虽然因产品及运营人员特质而异,但总体上运营可以分为市场运营、商务运营、社区运营、用户运营,以及内容运营几个大类。狭义上,市场运营的工作通常不会落到运营岗位,一般由市场部、企业中高层负责;商务运营也会紧随市场运营,"权责利"3个维度上人员都与市场运营高度重合;社区运营通常与产品本身的设计关联不大。因此我们重点关注运营岗位所要做的用户运营和内容运营,以指导产品设计。

4.1.1 用户运营之推广

用户运营的推广依据产品的长期运营策略和短期目标进行,其推广方案讲究立体作战、多维出击,并且必须加强效果监管。大致可以分成3个阶段,如表4-1所示。

表 4-1 用户运营推广的 3 个阶段

阶 段	主要目标	详 情
阶段 1	建立市场认知度 提升用户量	三到:看得到、搜得到、体验得到 重点关注核心功能的体验和留存率 逐步建立信任度 精准化营销 常规广告 线下用户活动
阶段 2	产品运营	提升留存率 进一步展开营销 开展规范化的活动 提升社区维护效果 监控市场情形(重点是竞品及新功能)
阶段 3	产品升级 新功能跳转到阶段 1	解决老版本的 Bug 资源互换拓展推广渠道 推出新功能 展开新功能对应的阶段 1 事务

1. 阶段 1:建立市场认知度和提升用户量

在初期外界对本产品一无所知,因此必须要破局。对于新公司的新产品来说,并没有捷径可走,因为受到公司资源、品牌的限制,所以开局几乎都是捉襟见肘。不排除极少部分产品含着金钥匙出生,如摩拜单车开局就采取了"现金买流量"的免费模式。

对于大公司的新产品来说,同样没有捷径可走。大公司的负担及责任大,拳头产品担负了整个公司的经济支撑,更加不能出任何问题。因此大公司采取的策略断然不可能是在新产品面世阶段动用自有平台进行强推,他们采取的方法是让新产品自行发展。待安全度过阶段1并有希望在阶段2占据市场优势的前提下,公司才会有所动作。

在破局阶段运营人员最基本的工作目标就是实现"三到",即让核心用户群体看得到、搜得到、体验得到这个产品,这个目标决定了实际的运营工作必须要在产品经过内测之后才能进行。如果产品本身不稳定,"看"和"搜"的工作做得越扎实,就会有越多的人知道产品不行,还会极大流失对这部分最关心的用户。

在阶段1可以采取的方法有精准化营销、常规广告、线下用户活动,目的是建立用户对产品的信任度,提升用户体验和找到影响留存率提高的关键障碍。

可以提供一些推广支持,如小程序、H5活动等简单快捷的方式,诱导分享及扎心文案也可促进产品的裂变传播。

核查产品和相关网站是否针对搜索引擎进行了基本优化,在相关网站和平台上主动发一些推广文章。例如,互联网科技资讯网站(36kr、虎嗅等)、一些主流的新闻资讯网站(录入搜索引擎新闻源的一些网站)、UGC内容平台(知乎、豆瓣、贴吧、简书)、自媒体平台(今日头条、百家号、微信公众号、网易号)等。主题可以是产品介绍、融资进度、企业活动等内容,做这些费用很低,但对于产品影响力的拓展非常关键。当用户看到很多主流平台都有同一产品的推广时,无形之中就会增加其信任度。

针对产品设计阶段分析的目标群体做好精准化营销推广,包括在一些特定类型的公众号发表推广文章介绍产品。例如,儿童类产品可以在一些育儿类型的公众号上发软文,在"宝宝树"等一些论坛上发推广帖等。最直接的可以到相关性产品网站上购买一些推荐位,精准化营销转化率高,同时成本也相对较高。而且对运营人员的专业性要求非常高,招聘压力大。

常规广告是指常见广告联盟渠道,如百度广告、今日头条、腾讯等平台类广告投放。这类渠道流量很多,但是转化率比较低。

另外还可以针对产品开展线下活动或赠送礼品,这类是转化率最高,也是成本比较大的一种方式。

2. 阶段2:产品运营

获得客户之后面临的就是激活的关键步骤,对于搜索而来的客户,激活的难度不大。但是通过各种活动获得客户必须要设定必要的"扳机",如在互联网金融产品中常见的"注册就送100金"的方法,目标就是激活用户。如果用户在平台上并无"资产",离开的可能性非常大;如果有了"资产",用户就会想着如何经营,从而变成活跃用户。对于其他产品而言，这个步骤同样存在。例如，社交软件往往会通过一些方法告知用户"你的朋友 xxx 在 yy 软件上等你"等信息。同样也是为了让该用户在该平台上有"资产"，只不过这个资产是人脉而已。

阶段 2 需要根据发展情况调整预算，如果预算允许，必须要及时有效地增加销售渠道。例如，采用更高成本的信息流推广、微信朋友圈广告、大 V 推广、微博推广、抖音快手短视频推广、直播推广等。方法有很多，要根据产品的用户标签选择相应的平台。

激活之后的留存步骤更为关键，而留存主要靠的就是产品运营。要做好产品运营，首先要明确的就是产品定位，即能给用户提供的核心价值是什么？围绕这个才能开展有效运营。对于运营岗位来说，KPI 是一定需要的，没有目标的运营，慢慢就会偏离方向。

在初期的产品运营中，活动和社群有助于运营岗位产生"产品感"。运营人员一定要摸索出运营的节奏，主要包括定期活动、非定期活动、社群社区等。产品线下交流活动非常考验运营人员的能力，策划一个有传播性的活动会激发从众心理和围观心态，对于新产品有意想不到的惊喜；同时产品运营阶段必须盯紧市场动向，掌握竞品状况，以及用户对功能是否满意，是否有更核心或者更重要的功能未开发。

3. 阶段 3：产品升级和新功能跳转到阶段 1

进入到阶段 3 之后，随着用户增多一定会产生两个变化：一是用户越来越多，反馈越来越多，提出的建议和问题也越来越多；二是自己擅长的推广渠道所能接触的资源逐渐耗尽。

必须想办法解决这两个问题，对于用户体验方面提的意见必须要及时响应和解决，特别是重要用户。要做到这一点，运营人员必须要做到经常使用自己的产品，盯紧重要用户的微博，并监测相关论坛上的舆情。对于确定的有助于提升产品体验并且不会给其他用户带来困扰的特性，运营人员需要推动团队或者开发人员及时改版。

对于渠道资源耗尽的问题，运营人员必须要走出去寻找相关领域的有实力的伙伴共同推广。这个方法为什么没有在阶段 2 实行？原因就是在阶段 2 时，自己的实力很难撬动其他资源跟进。资源的互换讲究价值对等，因此在阶段 3 走出去是非常合适的时机，但必须选择好合作对象并对合作效果进行跟踪。

由于产品引入了新功能，因此对于这部分产品的影响必须要从阶段 1 的指标开始复核，确保会起到正面作用。如果发现会有反作用，则版本必须及时回滚。

4.1.2 用户运营之 SEO

SEO（Search Engine Optimization，搜索引擎优化）是一种利用搜索引擎的规则提高网站在有关搜索引擎内的自然排名的方法，目的是在行业内占据领先地位，获得品牌收益。很大程度上这是网站经营者的一种商业行为，将自己或公司的排名前移，也是网页优化技术的一种。

而 SEM（Search Engine Market，搜索引擎营销）则是利用用户检索信息的机会尽可能将营销信息传递给目标用户的销售方式，它采取的手段包括 SEO、竞价排名、广告联盟等，是营销渠道的一种。

我们所说的搜索引擎包括常见的百度、谷歌、必应等，但需要注意每个引擎的排名规则并不一致。需要先以最主流的浏览器作为优化对象，然后进行其他搜索引擎的优化。

搜索引擎在比较两个网页的排名权重时，最常见的考虑就是判断其内容是否有价值。而是否有价值的一些表现首先就是文本结构清晰，搜索引擎能理解，也就是标题、描述、关键词都健全合理；其次是这篇文章有多少人访问，访问时停留了多长时间，这篇文章是否被其他权重高的网站转发。如此一来，对设计人员来说只有网站的设计、结构符合搜索引擎的需要才能有效支撑 SEO 的工作。

SEO 的工作要求相关人员熟知搜索引擎自然排名规则和网站优化技巧，并且熟悉 SEO 原理和实施方法、网页开发规范，以及搜索引擎优化技术。做好网站的 SEO 工作，诸如关键字、meta 标签、标题、网址 URL 内嵌关键字优化等，并积极寻找和交换优质外链。办事谨慎、细致，不断增强对数据、相关数据内部联系及逻辑的敏感度；同时不断提升数据分析能力，定期不定期地采集网站访问数据，纵向比较不同时段相同数据的变化趋势，以及产生此趋势的诱因。

SEO 也是一个非常专业的岗位，需要特定的人手及相当的成本。SEO 的工作内容如下：

1. 选择关键词

了解公司网站的业务和产品非常重要，否则无法确认网站的关键字该如何选取，也无法做 SEO。对于一个新兴的网站，这点尤其重要。以 LED 灯为例，我们能否选定"LED 灯"作为关键词？看起来非常关键。但正是因为关键，所以不行。这个词太大众化，属于最基础的词汇。把这个词汇的排名做上去非常困难，而且很可能是无法完成的任务。

反之，在一个网站内做不相干的热门关键词也不利于网站排名。所以必须选定一个符合网站的定位及方向的关键词，关键词的锁定与选择是 SEO 工作的开始，也是决定效益最重要的一步。没有选择合适的关键词，将无法做到有的放矢。选择关键词的方法如下：

（1）与业务/产品密切相关。

（2）有一定的搜索量，在 500 万左右搜索量的关键词最佳。

（3）避免盲目追求流量第 1 的关键词。

（4）适合团队能力的关键词。

2. 网站优化

任何一个网站，如果能在建站开始的时期将 SEO 因素融入，那么对后续的发展可节省很大的资源。现在很多公司都是网站做到一定程度了，方才想到要做 SEO。网站优化非常麻烦，也受到各种因素的制约。因此在网站或者页面建设的前期需要 SEO 人员的参与，协同 UI、UED、QA 及程序开发部门完成页面布局设计、内容布置和关键字布置等，而且必须将这个流程规范化到将来的网站设计中，并且也需要不断研究搜索引擎的变化，及时地对站点进行优化更改。这一点非常重要，有条件的公司最好招聘有 SEO 工作经验的前期建站的技术人员。

3. 内容强化

随着搜索引擎技术的进步，"内容为王"更显其真理性。内容除了尽量原创性外，还需要与对应的关键词做最恰当的融合，其中包含 Title 关键词、Meta 关键词、Header 关键词、Body 内容、Alt 关键词等。

内容的丰富最终也是为了迎合客户的需要，而不是搜索引擎的识别。一定要注意任何对客户有重要作用的内容都将会是搜索引擎喜欢的，而专门只为了搜索引擎制造的页面未必会受到用户的认可。久而久之，也可能遭到搜索引擎的遗弃，如关键词堆砌。

4. 适度外部链接

外部链接（简称"外链"）一直被认为是非常重要的，根据 Google PR 的算法每个外链都是一票。相关外链越多，站点的权重也越大。外链的建立在 SEO 中也显得越来越重要，其中包括向搜索引擎递交收录，与其他站点交换友情链接或者购买付费链接等。在这里关系显得很重要，链接一定要注意相关性和长期性，否则很容易被惩罚。因此做外链不能只追求数量，必须重视质量。

5. 持续进行数据分析

现在有很多网站分析工具，笔者推荐使用免费的 Google Analytics。SEO 并不是将流量带来就完事了，流量是否转化及是否有效更是需要仔细研究和分析。作为一个专业的 SEO 人员，需要为排名及流量负责，更需要为流量的质量，以及最终的销量负责。在这里 SEO 结合网站分析非常重要，根据网站分析工具和自身业务特点设定的各个 KPI 来检测 SEO 的有效性，以及关键字是否正确和有效，也能通过这个数据分析及时地调整 SEO 的策略和方向。

除此之外，更能通过数据的呈现了解关键词的选择是否正确，借由了解访客从不同关键词进入网站之后的转换率、平均停留时间等信息回馈到最初的关键词锁定策略的正确性。当然也可进行关键词的调整，以及轮回，提升执行 SEO 的效益。

6. 巩固并扩大战果，由点到面

从流量大的关键词入手，采取的策略就是做强、做大，即做强某个产品线的占有率，做大网站。为网站建设不同的页面并根据不同的长尾词来配比这些页面，尽量占有长尾词的排名。由点到面，从各个页面的长尾词和主站的泛词推广一网打尽，实现由点到面的战果。

另外，做 SEO 时未必只推首页，把各个页面进行搭配，并且结合业务、产品和市场需求选定主推页面尤为重要。

4.1.3 内容运营

内容运营指的是运营者利用新媒体渠道，用文字图片或视频等形式将企业信息友好地呈现在用户面前，并激发用户参与、分享、传播的完整运营过程。内容运营既包括公司方以自己的内容（PGC）为目标的运营，也包括以诱导、激发用户产生内容（UGC）为目标的运营。它出现的背景是万物皆营销，网页上展示的新闻可能因为符合真实性、时效性、准确性 3 个特点而由一个公司推广。直播可能也不是为了展现直播者真实的一面，而是为了带货。

万物皆营销有出现的原因和时代背景，我们只有熟知这个领域，才能健康地利用好它，合法合规地经营自己的产品、自己的团队或自己的公司。

内容运营的主战场是自营的新媒体平台，以及其他付费媒体、赢得媒体和分享媒体。

自营的新媒体平台由公司所有并管理的促销渠道构成，包括应用软件平台、网站、博客、官方社交媒体账号、品牌社群、营销人员、促销活动等；付费媒体是营销者付费才能使用的促销渠道，包括传统媒体（如电视、广播、平面或户外广告）、网络和数字媒体（付费搜索广告、网页及社交媒体展示广告、移动广告或电子邮件营销）等；赢得媒体是指公共关系媒体渠道，如电视、报纸、博客、视频网站等，它不需要营销者直接付费或控制，包括观众、读者或用户感兴趣而加入的内容；分享媒体是指在消费者之间传播的媒体，如社交媒体、博客、移动媒体、病毒渠道，以及传统的消费者口碑等。

内容运营必须要保证高质量基础内容、优秀的 UGC 内容、内容的合理展示，以及激发更多人参与等。

1. 保证高质量基础内容

这是内容运营的一项基本工作，大部分用户带着目的进入社区。为了满足用户的需求，内容运营者需要产生一批能够满足用户需求且符合社区定位的内容。既包括可以帮助用户解决需求的可浏览内容，也包括一部分可供用户参与的内容。

社区优质内容的产生开始大部分依赖 PGC，这部分内容的数量可以保证，质量也是可控的。一般采取其他社区、网站和平台采集的方式，将采集内容进行二次整合即可以得到相对不错的内容。

PGC 的优质内容可以通过推出特色品牌专栏的形式得到，也可以通过约稿、专访、答疑等形式得到。

2. 优秀的 UGC 内容

建立社区内容发布规则并且保证用户在进入社区时能在第一时间看到规则，如在用户进入社区时有一个新手指引，并在用户发帖前细化文案上的引导。

鼓励优质内容，给其更多的展示机会。当用户产生的内容符合社区需求且内容质量还不错时，应尽量给予其鼓励，可以通过提升内容位置将其推送给更多用户等方式实现。

为了保证整个社区的氛围，当用户发布的内容不符合社区需求时，运营人员可以适当地将其内容下沉或删除、更改。当然在进行这些动作时，最好在第一时间通过系统消息、私信等方式联系用户告诉其内容被删除、更改的原因并附上社区内容发布规则。

3. 内容的合理展示

应当建立基本内容推荐的机制，对此每个社区都有一套算法，从根本上讲都应该从用户需求出发。

例如，我们可以根据用户的需求确定首页应该推荐的内容、更新的时间段，以及更新的数量，也可以根据用户的关注与行为路径为其推荐其可能想看的内容与相关用户，还可以根据内容产生的时间顺序、关注数、点赞数、回复数等来排列内容的展示，这些都属于基本的内容推荐机制。

内容推荐机制是否合理很大程度会影响社区用户的留存与活跃，但可能没有任何一个社区的内容推荐机制是完美的，都在一点一点地优化中。

此外，还必须充分展示优质内容。我们通过各种方式得到了优质内容，但展示形式不好会极大地减弱内容的价值，内容产生者的积极性也容易被打击。

在产品内可能包括首页推荐、内容加精、内容位置提升、发布内容相关排行榜（当日最热、本周热门等）、push 推送、打包整合为专题等，也可以将优质内容传播到产品外形成更大的分享扩散效果。例如，传送至微博、微信、自媒体平台、合作方平台等。甚至可以将优质内容结集成册形成电子书或出版物等，达到更大规模的二次利用，使内容实现最大化。

4. 激发更多人参与

在社区中大多数用户都是浏览者，也就是所谓的内容消费者，只有小部分用户积极提供内容。其实消费者也可以成为生产者，这取决于运营人员如何引导。

发布更多的可参与性话题，从用户角度出发，话题可以是求助、用户生活中经常出现的人和事的讨论，以及争议性话题等。

降低用户参与的成本，如可以发布投票、打分、用表情表达心情、一句话形容 XX 等，这些话题的参与成本明显会小于直接发布一条主题帖。

举办活动是社区运营中很常用的一个手段，常见的就是结合热点与节日举办，基本要求是必须有趣。

另外，作为内容运营可以在内容的开头、结尾等处通过引导文案让用户做一些点赞、评论、关注、分享等动作。让其通过最简单的方式参与到社区贡献中，这些简单动作都可以为社区创造价值，此方法类似微信的引导加关注和分享。

一个社区提供什么样的社区环境就会养成什么样的用户习惯，所以社区内容运营人员在做自己的工作时，要时刻记住自己的社区定位。保证一切内容都是为了维护社区好的氛围，形成社区的品牌，提高用户留存和活跃度最为重要。

4.2 演进中的数据运营

本书中提到的数据运营本质是数据化运营，即用数据分析的结果来驱动运营，最终帮助运营者，乃至企业决策者凭借数据敏感性和逻辑分析能力指导业务实践。

数据运营还有一个含义是数据拥有方通过数据的分析挖掘把隐藏在海量数据中的信息作为商品，以合规化的形式发布，供数据的消费者使用。

运营是一个和数据分析结合非常紧密的职业，运营策略要依靠运营数据来作为支撑和改进。然而很多情况下运营都只是依靠人为的想法和经验在做，与设计和开发人员讨论方案时也更多地变成了一种演讲和说服。数据有多重要？我们可以看一个例子。

> 我是飞鸿，负责A公司的产品运营。产品上线后刚做了第1次活动推广，活动期间有了5 000+下载用户，注册用户数为3 000+。活动结束后一周留存不到5%，分析原因发现是产品的社区内容不够好没有留住用户，于是接下来的策略就变成如何更好地充实内容。之后社区内容不仅引进了各种日报新闻与时势分析，并且还和非常多的本地自媒体达成合作，引用其优质内容素材。韬光养晦了一段时间后认为社区内容稍有些厚度，因此决定再做一次活动，我来的这个时间段正好是活动正在策划的阶段。
>
> 老板问："飞鸿，这次的活动有没有什么想法？"我认为就目前阶段来说，直接再做一次活动对社区来说比较吃力。毕竟按照当时社区的内容来说，丰富度是远远不够的。不过活动是小范围的，一方面吸引新的目标用户加入社区，另一方面继续充实社区内容。没有冲突，可以两不误。但基于上次惨淡的留存情况，我没有回答，决定先把上次活动的数据整理一遍。
>
> 活动首日当天下载量为1 500次，注册量为1 000个用户，但这批注册用户留存不超过50个。当时有个更关键的因素被运营人员忽略了，那就是当时App的内容是可以在不注册的情况下阅览的。不论是浏览本地新闻、吃喝玩乐，还是社区发的帖子全部都可以看得到。当时的产品没有设定强注册，用户可以随意浏览整个社区，只是在用户要点赞、回复他人或者发帖时才会引导用户注册。这说明当时社区内容即使在不完整的情况下，仍然是有用户愿意来注册互动的，因此就认为是由于内容不够好才导致用户离开

是不够全面的。

用户几乎在使用一次 App 注册后就消失了，问题一定出现在注册之后的某个环节上。

模拟用户注册使用 App 的全过程，即注册、获取验证码、注册成功，没有问题，就在这时收到一条验证消息：

"恭喜您成为社区【新人】，在这个阶段您还不能发帖哦，快复制邀请码邀请两个用户注册就可以获得发帖资格。"

和数据显示的一样，在注册后收到这条消息，用户就离开了 App 并且再也没有回来，系统自动发送的这条信息就是一个激怒用户的很大因素。具体化一些，就是注册后用户的正常行为被打断，从而造成用户对于 App 的愤怒，所以最后留存惨淡。从用户的角度来分析，我正常浏览完社区并且认为这个社区不错，又看到一条有趣的帖子，我想回复，点击"回复"按钮，弹出"注册"按钮，完成注册。认为可以在社区互动，却突然出现这么一条"完成任务"式的消息，这时被控制感油然而生，大怒卸载 App。

当我和老板提出这个问题时，他并没有认为这条信息有什么不妥。毕竟只是不能发帖，还是可以正常回复帖子的，并且他提出注册 App 后就发帖的用户不到 1%。搬出数据给他看并修改提示信息，把信息出现的时间点从已注册自动发送，到用户点击"发帖"按钮再发送。信息内容没有再做优化，因为老板表示他对这条信息很有自信，调整后次日留存和三日留存率开始上升。

这是一次典型的数据运营案例，如果工作中没有头绪，那么我们可以看数据，弄清每个数据代表的意义，找到数据的根源，从数据中找灵感。调整部分产品特性后盯紧数据的变化，从而指导产品改进。

做好数据运营需要监管好交互和业务两类数据，前者反映用户在软件上的操作特点；后者反映软件上搭载的业务的特点，不同的软件两者各有侧重。

交互数据本身代表了客户的行为，如位置、点击、浏览、企业 App 内的操作行为、企业线下实体内的行为（购物中心内的到店足迹）等，此类数据开始出现大量非结构化及流式数据等多种形态。

业务数据以业务流每个阶段的数据、交易数据、日志数据为主，即客户的交易行为（买卖、刷卡、查询、投诉等）通过企业内部的生产作业系统记录留存。基本以"事后"数据为主，数据存在形式以结构化数据为主体。

运营工作要做好，必须要实事求是，并且透彻地了解用户。了解的媒介就是数据，可以说运营人员的日常工作根本无法脱离数据而存在。任何运营方案都需要基于事实，有的放矢，而数据便是让我们找到这个"的"的基础，运营依靠数据来驱动才能高效且精准地触及用户最深处的需求。

4.3 数据指标集

数据运营是真正科学化的运营，借助数据运营可以让运营岗位对人员的天赋要求降低，增强工程化的方法。让更多运营人员获得数据指导，可以提高运营效果。数据运营的核心就是构建数据指标集，如果没有数据指标集的概念，那么数据运营就会浮于数据的表面，而运营者则淹没在数据的海洋中，完全不知道方向在哪里。

4.3.1 构建指标集的目标

数据指标集是公司战略和产品，要求我们一定要做好数据的集合，以及为了达成这些数据需要跟进的用户、业务等相关数据。

数据指标集的构建就是提炼关键价值指标，用指标直接衡量产品运营的好坏。软件产品多种多样，有的是为了营收，有的是为了聚集人气，有的则是为了操控设备。而每种产品在不同阶段的目标也不一样，如典型的营收产品通常也分为聚集人气及促销等阶段。如果我们要评价一款软件，则必须针对具体阶段构建数据指标集。对营收阶段的产品来说，价值产出指标为每个业务（功能）的综合衡量指标。该指标为类财务的经济收入指标，直接衡量该业务运营好坏，此时常用指标收入/消息量/时长和流量/使用次数等。

之后将关键价值指标立体化分解，有利于产品的管理与调控。关键价值指标的分解可以按照产品特征进行，便于进行产品有效管理与调控。例如，某产品根据市场阶段定位判断当前属于发展用户阶段，还是提升活跃阶段等；同时细分指标有利于定位与发现问题，便于开展专项分析。当总价值发生波动时，可以从细分指标观察是市场发生变化用户规模减少或者用户活跃降低，还是产品自身存在问题导致的，即判断发生问题的原因是性能还是技术，核实产品端用户的活跃情况。

构建完善有效的指标集可以协助产品经理明确产品需求并监控运营结果，按惯例需求由需方发起。因此指标的完善性必须由产品经理联合产品设计工程师发起，决定要什么分析和数据，在形成指标集后跟进数据需求的实现。

构建指标集以后可以提高对产品结果的评价，各个产品的功能特性与产出都不同，因此无法用统一指标来直接衡量各个产品的好坏。但是每个产品在用户中的需求与满意度会反映到其行为上，因此每个产品可以提炼出自身的结果指标，以此来跟踪并监控产品自己的发展与进步情况，可以通过各个产品进步的情况来相互比较其运营的效率。

指标集的构建也能形成对产品的立体化的评估，除了结果的把握外，把影响产品产出结果的因素进行分解。通过立体化的产品指标设计全面地衡量产品效能，提高对产品的监控深度，有利于发现并解决潜在问题，同时还能提高产品运营管理效率。通过建立产品运营统计的管理模板来把握产品的运营结果,通过建立数据上报模板帮助提高产品需求的质量,以及与开发测试方沟通的效率而节省沟通成本。

根据指标集形成的结构化报告容易让查看数据的人以更高的效率完成数据监视工作,精心设计的指标与运营指标呼应能有效地指导运营。

4.3.2 相关数据

能指导运营的数据非常繁多,从我们想知道产品当前的状态开始就产生了一连串的问题。产品的表现有什么?为什么会这样?将来会发生怎样变化?产品怎样调整才能成功?一连串的问题就是一连串的要求,并且逐个加深。但是这么多数据是否需要全部保留?是否要将用户的操作细节全部监听?技术人员愿不愿意这么做?这么做会不会影响产品体验?

为了明白有经验的人员关心的数据,以及有哪些数据,我们需要依据产品与数据相关的逻辑链条(见图 4-1)对数据指标进行分类。数据指标的常用维度有很多种,包括但不限于如下类型:

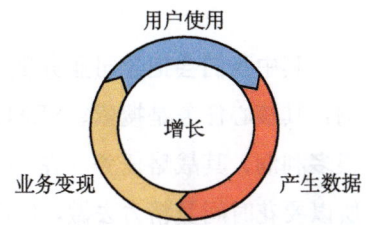

图 4-1 产品与数据相关的逻辑链条

(1)时间:即时切片、日、周、月等。

(2)用户属性:性别、年龄、注册时长、地域、操作的业务、操作时间点、操作频度、场景等。

(3)版本:版本号、产品类等。

(4)接入方式:ISP、SP、手机端、PC 等。

(5)访问:访问次数、内容覆盖度、平均时长、时长占比、跳出率、访问详情等。

(6)业务:业务的标志性阶段,如首页、搜索结果页、产品详情页、加入购物车等。

(7)流量:用户群、访问者、访问量、浏览量、流量来源、流量页面及相应的分析等。

(8)转化:整个转化漏斗中的关键点,如注册行为的转化标志性阶段可分为开始、第 1 步、第 2 步等。

(9)行为轨迹:用户在软件内部的操作行为轨迹,如用户在某电商网站上的详细行为轨迹包括从官网到落地页,再到商品详情页,最后又回到官网首页的整个过程。

(10)留存:与用户留存相关的数据,如新用户进来后添加 5 个以上的联系人,那么他/她在 LinkedIn 上的留存要远远高于那些没有添加联系人的留存,可见添加的好友数量就是留存相关的数据。

(11)测试:在运营过程中测试两种推广或渠道时采取的 A/B 测试后评估结果时所需要的数据。

面对如此之多的数据,我们应该关心哪些?

EOI 模型（见图 4-2）是包括 LinkedIn、Google 在内的很多公司定义分析型项目目标的基本方式，也是产品经理在思考商业数据分析项目中一种基本且必备的手段，使我们面临的这个问题有了最佳答案。

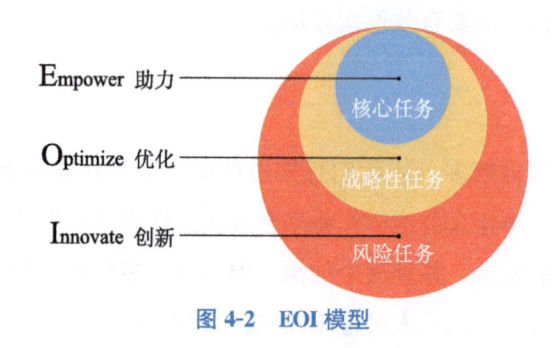

Empower 助力 —— 核心任务
Optimize 优化 —— 战略性任务
Innovate 创新 —— 风险任务

图 4-2 EOI 模型

其中我们会把公司业务项目分为 3 类，即核心任务、战略任务、风险任务。以谷歌为例：其核心任务是搜索、SEM、广告，这是已经被证明的商业模型，并已经持续从中获得很多利润；其战略任务（在 2010 年左右）是安卓平台，为了避免被苹果或其他厂商占领，所以要花时间及精力去做，但商业模式未必成型；其风险任务对于创新来说十分重要，如谷歌眼镜和自动驾驶汽车等。

数据分析项目对这 3 类任务的目标也不同，对核心任务来讲，数据分析是助力（E），即帮助公司更好地盈利，提高盈利效率；对战略任务来讲是优化（O），即如何能够辅助战略型任务找到方向和盈利点；对风险任务则是共同创业（I），即努力验证创新项目的重要性。产品经理需要对公司业务及发展趋势有清晰的认识，合理分配数据分析资源并制定数据分析目标方向。

在寻找分析目标时，我们需要注意两个方面。

1. 找到顶层的核心数据指标

所谓顶层的数据指标其实就是一个指路的方向，它引导我们所有的运营工作向一个方向前行。这也是一家公司的总战略方向，是必不可少的。对于营收类软件产品，最重要的指标就是用户量和单客利润（Average Revenue Per User，ARPU）。

在转化获得用户量和单客利润之前基本上需要做留存和促活两步的铺垫，在获取 ARPU 之前留存率和活跃度非常重要，所以这两项指标就是顶层的核心指标。

这样我们确定了顶层的 4 个常用的核心指标，即用户量、留存率、活跃度、单客利润。这 4 个指标也对应了拉新、留存、促活、转化 4 个步骤。

2. 顶层的数据指标只能有一个

虽然上述 4 个指标都非常重要，也是在运营的工作中需要同时抓的，但是在运营的不同阶段我们必须再选出一个最重要的数据指标。因为没有一个明确的选择标准，所以根据公司的实际情况（行业、模式、背后的资本支持等）进行调整。一般来说初期会以用户量，中期会以留存和活跃度，后期会以单客利润为核心指标。

4.3.3 构建指标集的方法

面对海量的数据，即便我们借助 EOI 模型也需要耗费很多时间，甚至在黑暗中摸索很久才能构建关键的指标集。对此，业内专业人士已经总结出 3 种常用方法，也可以说是 3 种实施思路。借助它们可以事半功倍，减少出错成本。

1. 构建指标集的基本步骤

所有商业数据分析都应该以业务场景为起始思考点，以业务决策为终点。数据分析该先做什么，后做什么。我们提出了商业数据分析流程的如下 5 个基本步骤（见图 4-3）：

（1）挖掘业务含义，理解数据分析的背景、前提，以及需要关联的业务场景结果是什么。

（2）制订分析计划，明确如何拆分场景和如何推断。

（3）从分析计划中拆分出需要的数据，落地分析本身。

（4）从数据结果中判断提炼出商务洞察。

（5）根据数据结果洞察，最终产生商业决策。

图 4-3　构建指标集的基本步骤

举个例子，某国内互联网金融理财类网站的市场部在百度和 hao123 上都有持续的广告投放以吸引网页端流量。最近内部同事建议尝试投放神马移动搜索渠道获取流量，并且也需要评估是否加入金山网络联盟进行深度广告投放。

在这种多渠道的投放场景下如何进行深度决策？我们按照上面商业数据分析流程的 5 个基本步骤来拆解这个问题。

（1）挖掘业务含义。首先要了解市场部想优化什么，并以此为指标衡量。对于渠道效果评估，重要的是业务转化。对 P2P 类网站来说，是否发起"投资理财"要远重要于访问用户数量。所以无论是神马移动搜索还是金山渠道，重点在于如何通过数据手段衡量转化效果，也可以进一步根据转化效果优化不同渠道的运营策略。

（2）制订分析计划。以"投资理财"为核心转化点，分配一定的预算进行流量测试，观察注册数量及最终转化的效果。可以记录持续关注这些人重复购买理财产品的次数，进一步判断渠道质量。

（3）拆分查询数据。既然分析计划中需要比对渠道流量，那么我们需要在各个渠道追踪流量、落地页停留时间、落地页跳出率、网站访问深度，以及订单等类型数据，进行深入的分析和落地。

（4）提炼业务洞察。根据数据结果比对神马移动搜索和金山网络联盟投放后的效果，并且根据流量和转化两个核心 KPI 观察结果并推测业务含义。如果神马移动搜索效果不好，那么可以思考是否产品适合移动端的客户群体，或者仔细观察落地页表现是否有可以优化的内容等，需找出业务取得突破的机遇。

（5）产生商业决策。根据数据洞察指引渠道的决策制定，如停止神马渠道的投放，继续跟进金山网络联盟进行评估；或者优化移动端落地页，更改用户运营策略等。

以上是商务数据分析拆解和完成推论的基本步骤。

2. 内外因素分解法构建指标集

在数据分析的过程中会有很多因素影响指标集，找到这些因素可以采用内外因素分解法。该方法把问题拆成 4 部分，包括内部因素、外部因素、可控和不可控，然后一步步地解决每一个问题。图 4-4 所示为内外因素分解法构建指标集。

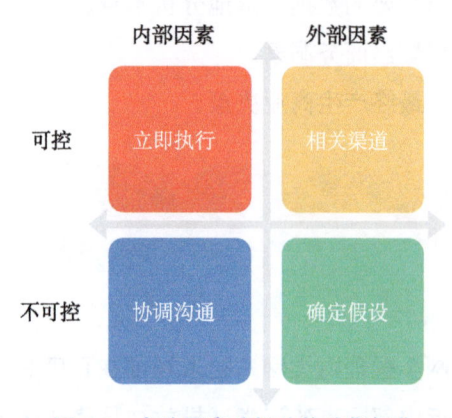

图 4-4　内外因素分解法构建指标集

某社交招聘类网站分为求职者端和平台端，其盈利模式一般是向企业端收费，其中一种收费方式是购买职位的广告位。业务人员发现"发布职位"的数量在过去的 6 月中有缓慢下降的趋势，根据内外因素分解法，可以从如下 4 个角度依次分析可能的影响因素。

（1）内部可控因素：产品近期上线更新、市场投放渠道变化、产品黏性、新老用户留存问题、核心目标的转化。

（2）外部可控因素：市场竞争对手近期行为、用户使用习惯的变化、招聘需求随时间的变化。

（3）内部不可控因素：产品策略（移动端/PC 端）、公司整体战略、公司客户群定位（如只做医疗行业招聘）。

（4）外部不可控因素：互联网招聘行业趋势、整体经济形势、季节性变化。

有了内外因素分解法，我们就可以较为全面地分析数据指标，避免可能遗失的影响因素并且对症下药。

3. DOSS 法构建指标集

DOSS 法构建指标集（见图 4-5）的思路是从一个具体问题拆分到整体影响，从单一的解决方案找到一个规模化解决方案的方式。产品经理需要快速规模化有效的增长解决方案，DOSS 是一个有效的途径。

图 4-5　DOSS 法构建指标集

某在线教育平台提供免费课程视频，并且售卖付费会员，为其提供更多高阶课程内容。如果将一套计算机技术的付费课程推送给一群持续在看 C++ 免费课程的用户，那么数据分析应该如何支持？按 DOSS 方法的 4 个步骤分解如下：

（1）具体问题：预测是否有可能帮助某一群组客户购买课程。

（2）整体影响：首先根据这类人群的免费课程的使用情况进行数据分析、数据挖掘的预测，之后进行延伸。

（3）单一回答：针对该群用户进行建模，监控该模型对于最终转化的影响。

（4）规模化方案：推出规模化解决方案，对符合某种行为轨迹和特征的行为进行建模，即产品化课程推荐模型。

4.3.4　以 QQ 为例

QQ 是即时通信工具的代表，其前身是 1996 年 3 个以色列青年开发出来的 ICQ，包括企鹅的形象和通信伴随音都一脉相承。即时通信市场因为想象空间巨大，所以层出不穷的公司和软件你方唱罢我登场。QQ 能以非原创之身获得这么大的市场，并成就腾讯必然有其自身的优势。

单从指标集的情形我们就能看出一点端倪，QQ 作为一个综合性的软件，相关数据量非常大。那么对产品经理来说，在最初阶段应选择哪一个指标作为最核心的指标？是在线用户数还是平均添加好友数？实际上选择的最关键的指标是平台总消息数。

平台总消息数 = 活跃账户数×账户每小时消息×月均在线时长。

如此一来，最核心指标确定了（平台总消息数），运营方向也就随之确定（活跃账户数、账户每小时消息、月均在线时长）。

实际上，QQ 的指标集一直在变化。因为市场在变，部分指标的详情样图如图 4-6 所示，公司当前最重要的任务也在变。

考核区间		2008年01月~06月		...12月	...9月
	KPI指标	衡量标准	权重（合计100%）	重(100%)	(100%)
规模类	QQ总活跃账户	**	30%	5%	00%)
	同时在线峰值	**	30%	5%	%
	半年度活跃自然人增长率	**	5%	0%	%
	流失率（老账户）	**	10%	参考	考
沟通价值类	日均消息量（含SMS、群）	**	15%	参考	参考
	月户均在线时长	**	5%	参考	参考
	消息MOU（含SMS、群）	**	5%	参考	参考
	语音总时长	**	0%	参考	参考
	视频总时长	**	0%	参考	参考
	隐身/总时长比例	**	0%	00%	%
类财务目标评价总分			100%		

图 4-6　部分指标的详情样图

有关指标说明如下：

（1）**QQ 总活跃账户**：与目前的定义相同，即账户当月有过一次登录则计为活跃账户，用来衡量平台整体用户规模。

（2）**同时在线峰值**：行业标杆数据，可衡量账户的聚集规模。

（3）**半年度活跃自然人增长率**：衡量半年内有多少自然人进入 QQ 用户群体。

（4）**流失率（老账户）**：指流失老账户数/当月活跃账户，进一步深刻规划整体账户中的流失现象（忠诚现象）。它是对活跃账户的有效补充，更精细化描述账户发展的健康情况。

（5）**日均消息量（含 SMS、群）**：即时通信日均消息量包含 C2C 消息、群上行消息量、手机 QQ 下行消息量，这是衡量 QQ 平台活跃性的重要指标。

（6）**月户均在线时长**：指 QQ 账户月平均在线时长（小时），衡量用户愿意停留在 QQ 上的程度与黏性。

（7）**消息 MOU（含 SMS、群）**：指 QQ 账户月户均消息条数，代表用户在即时通信工具中的活跃水平（在用户存在多个工具同时登录时更能深刻地描述其 QQ 活跃性行为）。

（8）**语音/视频总时长**：指语音/视频已成为即时通信一种重要的沟通方式，已经超过总量账户的一半，与消息 MOU 一起更丰富地表现用户活跃性行为。

（9）**隐身/总时长比例**：原本只是阶段性参考指标，当前 QQ 隐身较为严重并且影响其平台的活跃性。因此提高此指标的重要度，将其作为衡量平台活跃性的指标。

随着用户数的增多、规模增大，软件指标集也在逐渐变为由 3 类关键数据组成的 QQ 指标集，即经营类、体验类和性能质量类指标，如表 4-2 所示。

表 4-2 3 类关键数据组成的 QQ 指标集分类

指标类	解释
经营类 （如 QQ 总沟通价值）	产品的结果衡量指标 对象：产品经理 产品价值指标的分解 （$Y = N \times MOU$，Y 表示产品总经济价值，N 为总用户，MOU 表示户均价值）
体验设计类 （UED）	产品操作体验的衡量指标 对象：产品经理、设计中心
性能体验类	从产品功能实现的技术角度观察潜在问题与改善空间 对象：技术人员

图 4-7 所示为 QQ 指标集详情样图（部分），可以看出指标的制定虽不简单，但也有路径可循。

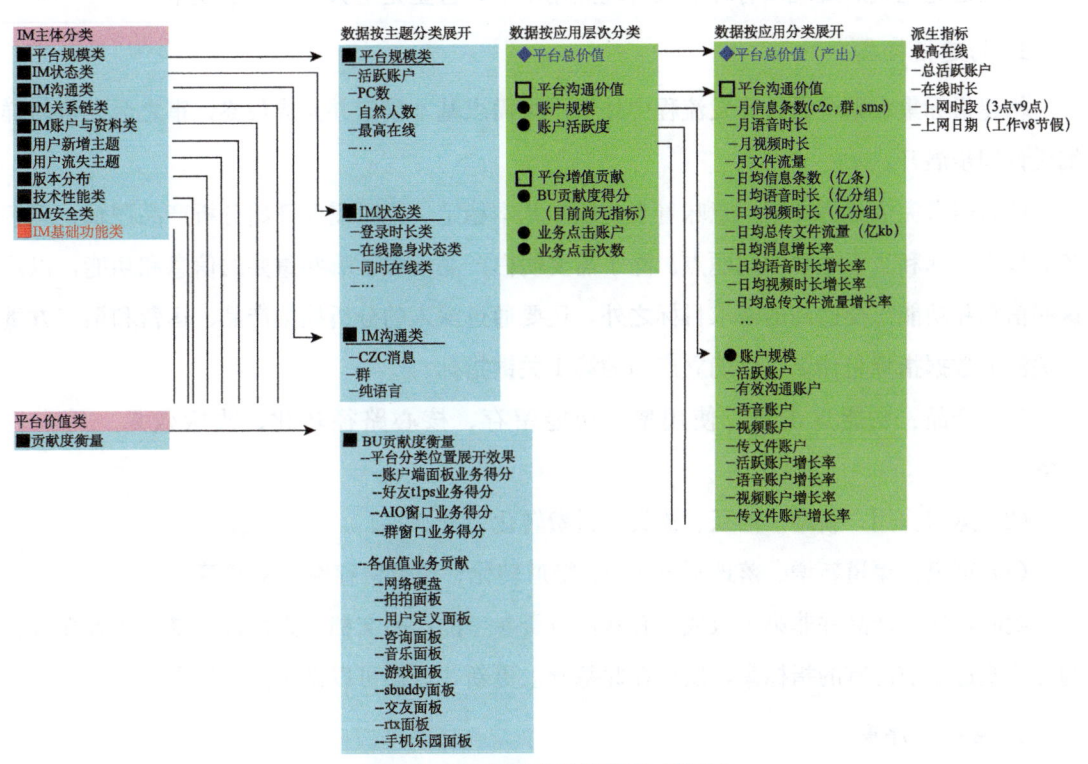

```
IM主体分类              数据按主题分类展开        数据按应用层次分类      数据按应用分类展开          派生指标
■平台规模类              ■平台规模类              ◆平台总价值              ◆平台总价值（产出）        最高在线
■IM状态类                －活跃账户                □平台沟通价值            □平台沟通价值              －总活跃账户
■IM沟通类                －PC数                   □账户规模                －月信息条数(c2c,群,sms)    －在线时长
■IM关系链类              －自然人数                ●账户活跃度              －月语音时长                －上网时段（3点v9点）
■IM账户与资料类          －最高在线                                          －月视频时长                －上网日期（工作v8节假）
■用户新增主题            ……                      ◆平台增值贡献            －月文件流量
■用户流失主题                                     □BU贡献度得分            －日均信息条数（亿条）
■版本分布                                         （目前尚无指标）         －日均语音时长（亿分组）
■技术性能类              ■IM状态类                ●业务点击账户            －日均视频时长（亿分组）
■IM安全类                －登录时长类              ●业务点击次数            －日均总上传文件流量（亿kb）
■IM基础功能类            －在线隐身状态类                                   －日均消息增长率
                         －同时在线类                                       －日均语音时长增长率
                         ……                                               －日均视频时长增长率
                                                                           －日均总上传文件流量增长率
                         ■IM沟通类                                         ……
                         －CZC消息                                          □账户规模
                         －群                                               －活跃账户
                         －纯语音                                           －有效沟通账户
                                                                           －语音账户
平台价值类                                                                 －视频账户
■贡献度衡量              ■BU贡献度衡量                                     －传文件账户
                         －平台分类位置展开效果                             －活跃账户增长率
                         －－账户端面板业务得分                             －语音账户增长率
                         －－好友t1ps业务得分                               －视频账户增长率
                         －－AIO窗口业务得分                                －传文件账户增长率
                         －－群窗口业务得分
                         －各值值业务贡献
                         －网络硬盘
                         －拍拍面板
                         －用户定义面板
                         －咨询面板
                         －音乐面板
                         －游戏面板
                         －sbuddy面板
                         －交友面板
                         －rtx面板
                         －手机乐园面板
```

图 4-7 QQ 指标集详情样图（部分）

结合上述指标，产品经理可以根据不同的分析维度输出各项统计结果。

4.4 数据埋点

为产品构建当前指标集之后，便可以与开发工程师对用户在应用内产生行为的每一个事件对应的页面和位置植入相关代码，并通过采集工具上报统计数据。对小公司来说，通常是产品经理对数据埋点负责。而大一些的公司可能会构建专业的团队，设置数据产品经理、数据运营及数据分析师岗位对公司所有产品的数据埋点负责。

4.4.1 数据埋点流程

对产品来说，数据埋点并非一劳永逸的事项，每个版本多少都会涉及部分新的统计需求。不管是初次埋点，还是后续的修订都可遵从如图 4-8 所示的工作流程。

构建指标集 → 指标集评审 → 跟进开发 → 功能验收 → 上线数据监测 → 数据分析总结

图 4-8　数据埋点工作流程

要使埋点工作走上正轨，进入日常工作安排就必须建立相关规范并形成相关的标准文档。有效避免上线后发现没有埋点或者埋点用不上，甚至是空数据的情况发生。

1. 构建指标集

构建指标集在整个设计开发流程中处于产品需求基本确定并完成最终评审之后，可与详细设计同步展开。

此时需求完成最终评审，意味着当前版本基本稳定。此时需要开始分析产品逻辑，理解产品核心目标和当下主要的问题点。除了需要明白产品承载了哪些重要的信息和功能，以及这些信息和功能想要达到的需求目标之外，还要通过深入的分析挖掘产品、运营和渠道方重点关注的数据指标是什么，以确立产品的第 1 关键指标。

（1）产品：功能点击量、使用率、功能留存、核心路径转化、改版效果、用户行为等。

（2）运营：用户新增、活跃、流失、付费转化、分享等。

（3）渠道：渠道新增、落地页 pv/uv、渠道转化、渠道留存率、ROI 等。

此时，如果产品并非第 1 版或者有其他可资参考的产品文档，则可以以复盘或者交流会的方式吃透之前已有的指标集，然后在此基础上更新，这样可以做到更为稳妥。

2. 指标集评审

在指标集评审阶段，可以召开有开发人员，以及产品、运营和渠道相关方参与的小型讨论会。会上以梳理产品功能结构图、功能模块及跳转流程为入口，确定上游入口和下游出口是什么，根据需求来确认指标集是否完善，以及是否具备技术上的可行性。这样做的目的是进行更加合理的数据指标体系的设计，以及避免埋点的重复。

3. 跟进开发

当产品和统计需求评审完成后会进入需求研发阶段，在开发产品功能需求时需要高频沟通，目的是为了保证数据采集的质量及数据分析的准确性。

4．功能验收

除了产品功能的核对，数据层面的主要核对内容如下：

（1）数据上报节点或时机是否准确。

（2）数据采集的结果是否真实有效或重复上报。

（3）新增/修改的统计项是否会影响其他功能的上报规则。

5．上线数据监测

发版后随着版本覆盖率的提升数据会逐渐变化，一般情况下需要密切监测上线前 3 天的数据并在 3 天后给出一份初步的数据波动趋势分析文档，用这个方法可以较为快速地发现是否存在统计上报异常的数据指标。产品功能若出现较大问题，也要及时关注可能会影响的统计点，根据问题紧急程度采取下发紧急修复包或其他方式解决。

6．数据分析总结

上线后若不存在问题，即可输出当前新版本的数据分析报告。主要用于向项目组成员同步该版本的数据分析结论和迭代优化建议，建议在发版两周后再拉取数据指标进行分析总结。因为时间越短，覆盖率就越低，而数据量小不太能够说明问题。

4.4.2　数据埋点方法

数据埋点的 3 种方法为手工嵌入功能代码、调用第三方 SDK 或无埋点。

调用第三方 SDK 就是在需要应用上接入第三方统计 SDK 实现用户事件的自定义监测的方法，其示例 Umeng App 如图 4-9 所示。

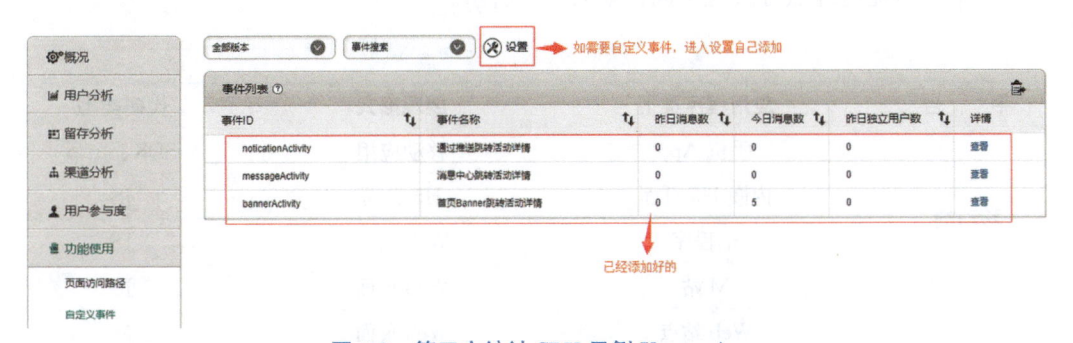

图 4-9　第三方统计 SDK 示例 Umeng App

无埋点的方法最为简便，不用工程师参与就能实现，但能统计的数据受平台限制。如采用百度平台，百度统计的无埋点工具入口如图 4-10 所示。例如，iOS 上的无埋点方法是利用运行时机制将类原生方法替换成用户自定义的方法。相当于强行在原本调用栈中插入一个方法，并在其中插入一段统计代码。需要注意的是不要多次替换，谨防其他代码重复替换。

再如，如果我们想知道一个网站的访问情况，那么通过傻瓜化地插入一段极简单的代码就可以通过百度统计分析网站访问情况。

移动统计

业界领先的免费移动应用统计分析工具，轻量SDK快速部署，全面监测产品表现，准确洞察用户行为。

立即体验

网站统计

全球最大的中文网站流量分析平台，为网站的精细化运营决策提供数据支持，进而有效提高企业的投资回报率。

立即体验

图 4-10　百度统计的无埋点工具入口

手工嵌入功能代码统计事件的设计就是做到针对某个具体页面，定义其中用户的点击或其他触发行为并准确上报，从而提取数据进行分析。这种方式在一定程度上能降低成本、提高数据监测效率，但埋点效率低下，容易出错且难以维护。

在采用手工嵌入功能代码方式埋点时，通常会根据不同的平台采取不一样的埋点手段，目前常见的平台包括移动端、PC端、移动设备和服务器4种。

（1）移动端：通常包括手机App、内嵌H5页面、小程序、M站等。

（2）PC端：通常包括Web站点、PC客户端等。

（3）移动设备：通常包括智能手环、POS、掌上电脑等。

（4）服务器：通常包括集群、普通服务器、云服务器等。

不同平台常见的埋点方式也不同，如表4-3所示。

表 4-3　不同平台常见的埋点方式

平台	应用程序类型	展现形式	代码类型
移动端	手机App	移动应用	SDK、http
	内嵌H5页面	H5页面	JS
	小程序	Web页面	JS
	M站	Web页面	JS
PC端	Web站点	Web页面	JS
	PC客户端	客户端	JS
移动设备	智能手环	移动应用	SDK、http
	掌上电脑	硬件服务	http
服务器	服务器	服务API	http

埋点前还需要分类埋点，以将收集的大量数据按类型保存为数据库，便于分析。例如，

微信完成付费的相关事件如表 4-4 所示。

表 4-4　微信完成付费的相关事件

模　块	序　号	事　　件	EventID （ANDROID）	EventID （iOS）	事件描述
付费 （示范）	1	登录页面	login_uv	login_uv	访问登录界面的 uv 量
	2	账号密码登录	login_click	login_click	通过账号密码登录的点击次数
	3	微信登录	login_wechat_click	login_wechat_click	通过微信授权登录的点击次数
	4	微博登录	login_weibo_click	login_weibo_click	通过微博授权登录的点击次数
	5	登录成功	login_succeed_toast	login_succeed_toast	登录成功

如果已经建立了相关内部规范，则在形成埋点文档时也应按类型载入相关内容。分类时以事件（Event）为统计单位，触发一个动作、行为或者达到某个条件都是一个事件。例如，在登录中填写信息后点击"登录"按钮，或者点击视频的"播放"按钮，或者点击页面流程的"下一步"按钮获取"登录成功"访问某个页面，这些触发的行为都可以理解为一个事件。

1）点击事件

用户在应用内的每一次点击行为都可以记为一次点击事件，如点击按钮或区域等都可以成为一个点击事件。

2）曝光事件

曝光事件也称为"展示事件"，主要关注页面是否展示给了用户的终端，该事件是为了统计应用内的某些局部区域是否被用户有效浏览。例如，推荐区域、某个按钮、首焦等。

做曝光埋点时首先要注意有效曝光的定义要科学、合理，如曝光时长多少才算有效曝光要具体问题具体分析；其次，为了不影响页面性能，以及用户体验，不能在应用内的所有区域都加曝光埋点。

3）页面事件

页面事件通常是指页面的各种维度信息的统计，统计的信息包括以下几个部分，并且伴随页面事件还会将相关的设置/配置作为参数保存。

（1）浏览器信息：浏览器版本、浏览器语言、浏览器编码、屏幕分辨率等。

（2）访问信息：用户账号、当前页面 url、上次访问时间、访问时长、页面停留时间等。

（3）来源信息：广告来源、上一页面 url 等。

（4）物品信息：不同业务的这部分信息区别很大。

（5）本期统计。

本期统计用来检测新增/修改的统计事件列表，并保存记录其操作情况。

遵照这个方法，数据埋点就是为事件统计做准备。例如，我们要在一个修图类软件中新增打码功能，产品设计时对用户完成此操作的行为设计是在首页点击"美化图片"按钮→点击"马赛克"功能→选择素材使用→保存。为了埋点监测用户的具体操作是否达到设计目标，建立了用户行为与统计事件的对应关系，如表4-5所示。

表4-5 用户行为与统计事件的对应关系

序号	用户行为	事件	数据归属
1	首页点击"美化图片"按钮	点击"美化图片"iCon	点击事件
2	导入相机图片或拍摄	获取图片的方式	点击事件
3	进入美化功能，选择打码	点击打码iCon	本期统计
4	打码功能内选择素材使用	各种素材及编辑工具选用	本期统计
5	保存或分享	保存或分享iCon点击	点击事件

基于这些统计结果，我们可以定期维护相应的表格作为优化基础。在整理统计项汇总和维护表格（见表4-6）之后需要与产品、运营、开发、渠道等部门确认数据，查看对应到产品结构和流程中是否还需要增补。

表4-6 统计项汇总和维护表

模块	加入版本	删除版本	事件ID	事件名称	参数名称	参数值	统计规则
美化图片	—	—	mh_mosaic	美化_马赛克	—	—	点击1次记1次（仅用户点击按钮）
	—	—	mh_mosaic_used	使用马赛克	马赛克	素材统计ID 橡皮擦	打钩时记录用户有在屏幕上发生过涂抹的笔（素材ID），不需要记在屏幕涂抹多少次及用户使用的画笔大小
	—	—	mh_mosaic_yes	马赛克确定（打钩）	—	—	点击应用时记录
	—	—	mh_mosaic_no	马赛克取消（打叉）	—	—	点击1次记1次，安卓的返回包括back键

在维护需求文档且产品发生变化时，可以增删改这个表格的内容，这样开发人员就会知道。最重要的一点是一定要与开发部门保持紧密的沟通，正确地描述埋点的意义和背景，有时开发人员也会补充和完善埋点需求。

总而言之，埋点的方法就是将要检测的产品数据落实到数据库，直至数据报告的全过程。通过构建指标集、确定埋点技术手段和埋点数据的保存并经过初步试运行和评审之后，即可正式上线跟踪用户数据。

4.5 业务风控

2017年3月，一场商场无间道因为一场官司被曝光。58同城CEO姚劲波参与投资的一家公司"查博士"在这场纠纷中沦为被告,原告二手车信息服务品牌"车鉴定"称"查博士"通过安插"卧底"定期窃取公司的运营数据、客户信息等商业机密。案发是因为一次偶然的数据检视,控方说:"我们发现有一台电脑的操作十分异常,不合情理。"平常客服沟通都是通过手机号、用户姓名等信息在后台查找资料,大都是点对点查询,然而有一个员工动不动就直接查询全部大客户名单,从尾页一页一页往前翻。就像在查账一样,这完全不符合使用场景。找到这名员工后揭开了这桩奇案,至此大量的运营数据、定价策略、订单量,包括策划的活动细节,被该员工用手机拍照后传给被告。

生活远比故事来得精彩,产品设计师可能想不到自己设计的用户资料查阅这个再普通不过的功能居然被用在违法犯罪上。因此产品经理和设计师必须要有风控意识,或许工作中需要折中而暂时忽略一些风险,但这个风险绝对不能是因为我们没有想到。

风控绝对不是只有金融相关的软件才需要,对目前已经大量支持各种移动支付的应用软件来说,风控也很重要。不过具体内容因产品而不同,为了拓宽思路,我们介绍两个方面的风控。

4.5.1 常见风险

软件之间存在相当大的共性,了解这些共性有助于我们从总体上把握风险,这些风险主要来自竞争对手的恶意捣乱和为了盈利的寄生账号。

这些风险的存在一方面会给用户带来权益受损、体验变差、忠诚度变差和受到无止境的骚扰;另一方面会给软件所属公司带来财务方面的损失,出现业务故障、名誉被破坏及机密被泄露,还会带来法律风险。轻则损失债务,甚至财务状况恶化经营不下去,重则公司负责人锒铛入狱。

软件模块及其对应的常见风险如表 4-7 所示。

表 4-7　软件模块及其对应的常见风险

软件模块	常见风险
会员	薅羊毛、恶意注册、撞库、会员分享
视频	刷量、盗链、广告屏蔽
社交	黄色图文、恶意广告、诈骗、API 劫持
直播	刷人气、恶意广告、黄色图文、人身攻击
电商	薅羊毛、恶意下单、订单欺诈
支付	盗号盗卡、洗钱、恶意提现
其他	短信轰炸、钓鱼邮件、内部账号爆破、恶意代码注入

正常来讲,100%安全的软件是不存在的,因此这些风险的预防通常依赖法律的威慑力。但我们目前所处的环境因为黑色产业链的存在,风险成百倍地放大,而且极难取证,导致无

法走法律的正常途径。因此作为产品设计者，必须苦练内功，固本培元才能抵御风险。

4.5.2 防范用户信息泄露

2017 年网民手机号加关键词搜索涉及公民信息隐私的全国第 1 案被攻破，解开了用户手机号泄露的冰山一角。在此次被称为"滤网行动"的抓捕行动中，开发手机访客系统的团队及相关成员 33 人被抓，百度安全协助了此次抓捕行动。手机访客系统通过在网站植入代码获取访问者的手机号码、QQ 号码、客户来源和兴趣点等信息，并称这是新时代的网络精准营销，实际为恶意窃取手机号，如图 4-11 所示。

图 4-11 恶意窃取手机号的软件

因为访问者都是潜在的客户，所以取得联系方式是将其转化为客户的第 1 步。但手机号码是如何获得的？官方的说法是"数据泄露源头为运营商手机号返回接口，访客手机号窃取的技术服务提供者根据接口开发出手机访客营销平台，并将此类平台销售给一级代理，一级代理负责将服务平台出售给大量的二级代理，二级代理进行手机访客营销业务的分销。"

这是一次典型的针对访客个人信息的攻击事件，虽然此案至今已经过去五年多，但是受利益驱使同类软件的代理商依然活跃在很多社群中。

值得一提的是这仅仅是造成信息泄露的一种途径而已。例如，如家等酒店的开房信息被泄露则是因为酒店 Wifi 认证管理系统存在漏洞。Wifi 管理系统的身份认证在服务器端，而提交身份资料至云端居然用的是明文传输。于是被劫持之后黑客顺利地获得了整个酒店系统的管理员权限，大门洞开。

作为 UI 设计师，该如何应对这些防不胜防的攻击？既然敌人这么狡猾，我们做怎样的防范都是应该的。这里建议的只是部分手段，所有产品设计师和 UI 设计师都应该存有防范心理。如果我们需要承担一些风险，那么风险必须要在可控的范围内。

具体手段如下：

（1）建立并经常检视文件访问审核日志：事前主动防御，事中全程控制，事后有据可查。提供完整的日志管理可对所有加密文档的所有操作进行详尽的日志审计，并为审计日志提供查询、导出、备份及导出数据报表等支持。

（2）程序行为控制：软件中的异常操作必须要在日志文件中进行报告。

（3）文件和信息访问控制：建立完整而有效的权限管理和账号管理制度。

（4）动态加解密：敏感信息不能明文传输，必须用可靠的技术手段进行动态加密。

（5）建立备份机制和关键代码监控：系统能在黑客突破第1层防线修改代码之后快速发现，并及时恢复。

4.5.3 防羊毛党

薅羊毛是指普通用户对银行等金融机构，以及各类商家开展的一些优惠活动产生兴趣，从而获得优惠乃至金钱上的回报，也被认为是理财族惯用的手法之一。而部分专业人士则将薅羊毛发展成为一个职业"羊毛党"，他们会动用成百上千的账号利用软件漏洞将薅到的羊毛聚集并获利。这种行为对新产品的生存会直接构成威胁，甚至让产品出师未捷身先死。

2015年时，华南一家企业兴致勃勃地召开了互联网金融产品发布会。投资两个亿做互联网金融产品，并配属了将近数千万的卡券优惠，于是开售首日产品几乎直接被抢光。半年后这些互联网金融产品到期赎回时，出现了大规模的集中赎回，类似银行挤兑的情况。要求赎回的理财产品和配属的卡券优惠金额加起来在一亿两千万左右，这个公司资金链直接断裂而关门大吉。

事后才知道这些产品貌似是众多客户分开购买的，实际上是羊毛党的杰作。通过技术手段操纵移动App，以及近万个账户抢购产品和薅羊毛（卡券优惠），这是很极端的例子。

按常规我们可以通过分析交易相关的数据识别这种行为，但羊毛党的攻击往往集中而快速，如果根据交易数据来判断，时效性不符合实际需求。因为这已经不是简简单单的虚假订单或者虚假注册，而是直接冲击公司财务的商业欺诈，必须另辟蹊径解决。

提出解决方法前，我们可以具体分析羊毛党出没的如下痕迹：

（1）网络行为：通道、接入IP地址、Hostname、路由设备日志及运营商接入基站都可以留存大量的网络行为日志，完整的网络日志可以形成一条羊毛用户网络路径，客观地反映羊毛党的网络行为轨迹。

（2）设备动态行为：智能手机及手持设备往往会内置众多的运动传感器以收集手机设备的动态行为，包括位置变化幅度、变化频次、变化规律等信息，从而通过数据计算判断设备的动态行为。

（3）平台行为：被攻击的平台往往有很多平台行为及过程，包括注册、绑卡、浏览、交易和提现。每个过程都会留下很多行为轨迹，而羊毛党，特别是其中的机器人羊毛党的行为轨迹更是有其特殊性。

（4）交易行为：羊毛党会对平台的产品做详细的对比分析，找出其中ROI最大化的薅羊毛方案，其交易产品、交易金额和交易时间都是最佳化设计。

（5）手机的整体行为：羊毛党的主要工具都是手机，每部手机上安装的互联网金融平台数及活跃时间，甚至羊毛党对手机终端的偏好都留下一定的行为轨迹。

通过获取和分析这些来自羊毛党的痕迹数据，可以建立一个羊毛党个人行为的数据图谱。利用可视化技术展示出汇集了多个数据源的羊毛党数据图谱，利用图谱可以较为清晰并及时地发现羊毛党的来路。

当然在应付羊毛党时有时候临时挂起系统，中断服务也是一种合理合法的应变措施。如果权衡之后发现有效用户量并不大，甚至可以直接暂时关闭提现等，合法地为狙击羊毛党争取战略时机。

4.6 面向运营的设计

本节将从设计的角度讲述如何支撑运营。

4.6.1 支撑 Banner 等曝光方式

Banner 展示是属于产品推广的一种成本最低，也最能维持用户存留的方式之一。每天开启软件时都能看到相应的推广内容，一方面这是视觉享受；另外一方面也是很重要的信息来源。因为人的惰性，所以开启软件的一刹那界面是可预知的。也就不会查看是否有什么新产品值得自己关注，这时 Banner 等广告位的展示变得非常重要。很多新手不注意这一点，会强调产品必须纯粹，必须只有用户关心的内容。但是产品是动态的，必须要为解决未来的问题留下可维护的入口。

交通银行 App 的"生活"页签是一个典型的设计（见图 4-12），在一个页面中高密度地用了 3 个 Banner。这样设计的原因如下：

（1）用户使用银行 App 关心的业务不会很多，主要就是柜台类的付款、扫码登录等，以及生活类的话费充值、缴费等。因此如果不放入其他内容，界面会变得非常简单而单调，而且浪费了接触到用户的机会。

（2）银行经常有新的理财产品和优惠政策等进行推广。

（3）银行还希望能作为一个广告入口吸引增加盈利渠道。

3 个 Banner 在设计时采用了 gif 播放、图片轮播、滑动橱窗 3 种形式，美观大方而又尽可能多地增加了展示位，并增加了点击功能，成为重点推广的活动入口，取得了良好的效果。

Banner 等展示方式对业务运营可以起到很大的推广作用，但要做好 Banner，需要遵循其设计原则。

图 4-12 交通银行 App 的"生活"页签

1. 为运营留足 Banner 空间

在产品设计时不能过分强调简洁，简洁到极致就变成了无聊，适当增加其他色彩衬托是必要的。

产品设计不能只考虑当下，必须从运营的角度出发梳理未来需要给用户传达的信息种类及展现方式。例如，促销、节日祝福、重要公告等，并为这些需求预留足够的展示空间。

这些图片或者素材的展现方式必须确定，并且需要从维护的角度通盘考虑。

2. Banner 风格要符合运营要求

风格是采用时尚风、复古风、小清新，还是炫酷、番剧或简约风，需要与企业的 VI 及整个软件的设计风格保持一致，并形成内部设计规则发布给相关部门遵照执行。

Banner 排版要讲究对齐、聚拢、重复、对比、强调、留白，方便用户视线快速移动，一眼看到最重要的信息。虽然我们提倡预留足够空间，但绝对不能为了空间放弃美观。必须适当留白，不能像小广告。

文字的排版要求重点突出，大小粗细错落有致，字体保持在两种左右。大尺寸的 Banner 文字可以适当变形，加入一些与内容有联系的元素或者图形可以更好地表达整个设计的思想，图 4-13 所示为天猫的一个页面。

图 4-13　天猫的一个页面

最后是配色，色彩是由色相、明度和纯度构成的。色相即颜色的相貌，用于区分各类颜色，如红色、黄色、绿色、蓝色等；明度即颜色的明暗和深浅，或者说颜色含量中白色的多少；纯度即色彩的饱和鲜艳程度。

3. 情感传递要符合运营要求

能传递情感的设计才是好设计，有人用人性的善寻找利益点，有人从人性的恶寻找利益点。而通常人们会把上面几个点有选择性地结合起来运用，总之能将运营玩得好的人都是对人性善恶了如指掌的人。只是作为人有可为而有可不为，玩得恰当则皆大欢喜，否则在买方和卖方之间必定有一方成为受害者。

平淡无奇的设计是没有价值的，越是竞争激烈的环境要求设计包含的情感越浓烈。例如，将傲慢、妒忌、暴怒、懒惰、贪婪、口欲、色欲等直白而略带艺术性地展现出来，并搭配相应的动作效果有时候能起到非常好的运营效果。

图 4-14 所示为用傲慢展现个性的 Banner。

图 4-14　用傲慢展现个性的 Banner

但是也不能一概而论，有些 App 一定要讲究"善"的力量，因为激发人内心的关怀、怜悯、成就、收获、荣耀等感觉也很重要。

4. 其他原则

（1）真实性原则。Banner 所传播的经济信息要真实，文案要准确，客观实在且言之有物。不能虚夸，更不能伪造。

（2）主题明确原则。在宣传产品时要突出产品的特性，要简单明了，而不能出现一些与主题无关的词语和画面。在对产品进行市场定位之后要旗帜鲜明地贯彻广告策略，有针对性地实现广告对象的诉求，并且要尽量将创意文字化和视觉化。

（3）形式美原则。为了加强 Banner 的感染力，激发人们的审美情趣，可以在设计中进行必要的艺术夸张和创意来增强消费者的印象。Banner 设计制作上要运用美学原理，给人以美的享受，提高 Banner 的视觉效果和感染力。

（4）思想性原则。Banner 的内容与形式要健康，绝不能以色情和颓废的内容来吸引消费者注意，诱发其购买兴趣和购买欲望。

4.6.2 支撑促销活动

自从智能机普及，移动应用软件火爆，"体验为王"的思想就成为根本大计。似乎任何偏离体验的设计都不可取，所有阻碍体验的设计都不能用。而大部分设计人员对体验说不出一个所以然，全部是停留在形而上学的层次讨论，误了大事而不自知。

真正能拉动用户多次使用公司产品的核心并不完全在于界面的美观度，而在心理。

仔细观察商业活动的内在规律，我们会发现体验是靠后的事情。比体验还靠前的是销售技巧，是销售攻心术，促销活动就是其中一种。拼多多这款产品为什么能很好且不停地调取新用户并留住老用户？就是因为它很好地运用了促销活动。

由此可见，如果设计软件产品时对产品的转化和成交不加关注，并且不在设计上体现销售攻心术，那么这个软件可能就不能支持企业发展。

从广义上讲任何有利于成交的事项都属于促销活动，如采用 Banner 解释和推广产品以及促销，提升产品体验均属于促销等。在这里我们只关心狭义的促销活动，就是以让利为根本的促销活动。例如，抽奖、折扣、折上折、大礼包、现金券、抵扣券、评价送券、帮忙砍价、满减、加购优惠、分期（白条）等活动。

"一元购"是我们经常见到的促销方式，这一购物模式自诞生之初便一直处于风口浪尖之上。不时有微博、微信大 V 报"XX 一元购致 XX 破产"的新闻，或对"一元购"的合法性提出质疑。然而"一元购"并未因此走向灭亡，反而呈火爆态势，新浪微博、网易、深圳一块海购、京东等各大门户网站、电商平台纷纷"入行"就是这一火爆态势最好的证明。图 4-15 所示为"一元购"及降价类促销活动。

图 4-15 中右边的促销是淘宝最常见的促销，一款产品采用了降价、领券、分期等多种促销手段。

图 4-15 "一元购"及降价类促销活动

如果研究促销手段，那么我们可以发现促销活动远远不止之前提到的那些。存在无数的衍生方式，具体来说至少有 15 种之多，包括定价促销、附加值促销、回报促销、纪念式促销、奖励促销、借力促销、临界点促销、另类促销、名义主题促销、时令促销、限定式促销、引用举例式促销、赠送类促销、指定促销、组合促销。

促销活动的通常表现形式如表 4-8 所示。

表 4-8 促销活动的通常表现形式

促销大类	促销子类	表现形式
定价促销	统一价促销	全场两元
	特价促销	一元拍、仅售 29 元
	满额促销	满就送、满就减
附加值促销	服务性促销	附带安装视频、包邮、以旧换新
	故事性促销	西安八大碗、徽墨
	承诺式销售	15 天试用、运费险、7 天无理由包退
	口碑式促销	邀请有礼、邀请返券、好评返券
	榜单排名促销	全网最大销量、获奖产品
	品牌型促销	镇店产品、舌尖上的中国推荐

(续表)

促销大类	促销子类	表现形式
回报促销	免费式促销	免费试用、免单
	回扣返利促销	满减、好评返现
	拼单折扣促销	两件8折、团购
纪念式促销	节日促销	双11、618狂欢节、黑五
	会员式促销	VIP特价、会员日
	纪念日促销	生日特惠、店庆特惠
	特定周期促销	每周二上新、每月一天半价
奖励促销	抽奖式促销	购买抽奖、抽取幸运顾客
	互动式促销	签到有礼、收藏有礼、答题有礼
	优惠券促销	优惠券、打折券、现金券、加购券
借力促销	时事热点促销	希望工程捐助促销、内存涨价促销
	明星促销	XX明星签名T恤
	背书型促销	奥运赞助商、国庆赞助商、阅兵同款
临界点促销	极端式促销	全网最低、全网销量最高
	最低额促销	低至5折、系列中掺低价款
	最高额促销	最贵50元、霸王餐券
另类促销	悬念式促销	不标价、猜价格
	反促销式促销	只卖贵的、坚决不打折
	通告式促销	X日起售、限售X天
	稀缺性促销	绝版、国内唯一代理商
	模糊式促销	便宜卖
	视觉冲击促销	地板价
名义主题促销	首创式促销	网购狂欢节
	主题性促销	感恩回馈日
	公益促销	每件商品捐助X元
	平台主题促销	聚划算、天猫新风尚、淘品牌
	联合促销	互补式、关联式、同类目式
时令促销	清仓甩卖促销	周末清仓、季中清仓、反季清仓
	季节性促销	夏装热卖、冬装新款
限定式促销	限时促销	秒杀、今日有效
	限量促销	限购1件
	单品促销	只卖1款
	阶梯式促销	早买早便宜

(续表)

促销大类	促销子类	表现形式
引用举例促销	产品卖点促销	优质、功能
	产品特性促销	用了都说好、同事推荐款
	产品效果促销	使用前+使用后
	新品促销	新品九折
赠送类促销	礼品促销	大礼包、送附件
	惠赠式促销	买一送一、送红包、送积分
指定促销	指定产品促销	卖A送B、特价加购、加一元购
	指定对象促销	母亲优惠、老顾客优惠、首单立减
组合促销	搭配促销	裤子搭皮带半价
	捆绑式促销	卖A送B、特价加购、加一元购
	连贯式促销	1件9折、2件8折

分析这些促销活动我们可以发现如果从产品实现角度来判断，促销活动大概可以分成两类，即展示型和系统辅助性促销活动。例如，引用举例促销可以通过产品详情页的图片展示，即是否采用这种促销手段可以通过更改图片内容进行。而有些促销手段则必须有系统支持功能，例如，"指定促销"中的"卖A送B、特价加购、加一元购"，系统在上架商品时必须支持A和B之间，以及加购过程的绑定；送券类的促销系统必须能自动根据客户拥有的各种券做出最优选择。

由此可见，大部分促销活动必须要获得软件功能的支持。

4.6.3 支撑SEO

公司的软件产品一定会有网站搭载Web页面作为宣传页，不管是电脑版软件还是移动应用都是这样。要想网站后期做推广时SEO优化效果好，在网站建设前期就需要有一个好的规划。如果等待网站建设完成了再考虑优化的问题，则会带来返工等一系列负面影响。

为了让网站更加利于SEO工作，提升SEO效果，网站的建设需要做到以下几个方面：

1. 网站结构需要方便搜索引擎收录

（1）网站建设采用扁平化层级结构，这类网站设计可以让用户在3步以内找到自己想要访问的页面，并且有利于搜索引擎搜录。

（2）制作一个专供搜索引擎捕捉的网站地图页面，一般来说，网站地图可以命名为"sitemap.html"。网站地图对于搜索引擎蜘蛛或机器人顺畅访问网站有非常大的帮助，可以使得搜索蜘蛛明确网站结构，快速找到网站所有页面；同时也方便用户快速找到自己需要的内容板块。

（3）采用 HTML 全站静态页面，这点非常关键。因为各大搜索引擎如百度、Google 等对 HTML 页面的抓取和收录都比动态页面更及时、更全面。使用静态化 HTML 页面可以极大地增加网站被搜索到的概率，从而有更多的机会展现自己的网站。

（4）设置网站内链，即将网站内网页与网页间实现连接，帮助搜索蜘蛛捕捉具有相关性的网站内页。

（5）设置友情链接，不仅可以导入流量，还可以帮助企业增加网站权重。

（6）增加 301 重定向和 404 错误页面功能。301 重定向有利于网站首选域的确定，对于同一资源页面多条路径的 301 重定向有助于 URL 权重的集中；404 错误页面的目的是告诉浏览者其所请求的页面不存在或链接错误，并引导用户使用网站其他页面，而不是关闭窗口离开。

2. 网站布局需要符合网民的浏览习惯及营销需求

（1）F 型网页布局设计：这种设计方式是相当成熟的网站设计模式，通过有效的网页布局能够最大限度地展示重要信息。

（2）多导航布局：网站完整设计应当包含 4 种网站导航，即主导航、副导航、底部导航及面包屑导航。这种设计既方便网民快速浏览，又能帮助网站优化。

（3）合适的营销探头布局（标题、描述、关键字等）：企业网站建设的最终目的是帮助销售，因此合适的营销探头布局可以让企业获得更多的商机，将网络成本转化为利润。

图 4-16 所示为某个官网的 SEO 代码优化范例，从中可以看出在代码层级针对 SEO 所做的优化，而站长工具展示的结果也表明设置合理。

```
<html> event 滚动
▼<head>
  ▶<style type="text/css">…</style>
    <meta name="shenma-site-verification" content="abb1d42ddb00020559668c4864752c04_1542095263">
    <meta name="sogou_site_verification" content="ZRIfwWkofV">
    <meta name="360-site-verification" content="42391cdad3ecf607aa9cdf999da62ce7">
    <meta http-equiv="Content-Type" content="text/html; charset=UTF-8">
  ▶<title>…</title>
    <meta name="picture" content="/image/17030054.jpg">
    <meta name="keywords" content=" 善为知识产权,深圳快速申请专利,深圳专利申请,深圳申请专利,专利申请一次通过,深圳软著申请,深圳软件著作权申请,软件著作权一次通过,软著一次通过,软件著作权快速下证,软著快速下证,深圳商标注册 ">
    <meta name="description" content="善为知识产权聚焦商标注册,专利申请,国家高新认证,版权登记,境外商标注册等知识产权相关业务25年,强调实战实效为本,全渠_鼎力支持您的知识产权业务,我们相信,没有难做的知识产权业务,只有不上心的服务!欢迎垂询,联系电话 13530446883">
```

图 4-16　某个官网的 SEO 代码优化范例

站长工具的检测结果显示 TDK 优化合理，如表 4-9 所示。

表 4-9 站长工具对上述代码的解读

标　　签	内容长度	内　　容	优化建议
标题（Title）	63 个字符	深圳商标注册 _ 深圳专利申请 _ 深圳软著申请 _ 境外商标注册 _ 软件著作权专利申请一次通过 _ 软著快速下证－善为知识产权	一般不超过 80 个字符
关键词（Keywords）	98 个字符	善为知识产权、深圳快速申请专利、深圳专利申请、深圳申请专利、专利申请一次通过、深圳软著申请、深圳软件著作权申请、软件著作权一次通过、软著一次通过、软件著作权快速下证、软著快速下证、深圳商标注册	一般不超过 100 个字符
描述（Discription）	139 个字符	善为知识产权聚焦商标注册、专利申请、国家高新认证、版权登记、境外商标注册等知识产权相关业务 25 年、强调实战实效为本、全渠道配合为宗、以高出证为荣。善为知识产权鼎力支持您的知识产权业务，我们……	一般不超过 200 个字符

4.6.4　支撑游戏关卡优化

游戏运营人员的职责是在游戏的整个生命周期中把一款游戏推上线，有计划地实施产品运作策略和营销手段，使玩家不断了解游戏、入驻游戏并最终付费，以达到提高游戏收入的目的。

游戏的关卡优化是剔除风格不合或者对游戏无兴趣的人群之后的游戏玩家运营，这些都是有机会成为付费用户的潜在人群，因此要注重以下几点：

（1）玩家因为不能跳过任务或者新手任务步骤太多太烦人而离开，好在很多游戏目前针对新手任务都有改进，即采用分布式引导。以目前情况来看，玩家对这种引导方式还是比较接受的。

（2）通过漏斗式任务设置来分析任务之间的转化率，找到低转化率的节点，进而结合游戏设定来进行任务引导优化。通过行为数据来筛选有效玩家群体，针对游戏类型设定相应的条件限制进行筛选，进而针对有效玩家群体进行详细数据分析。

游戏关卡优化主要还是依赖数据埋点，即在游戏关键点植入多段代码，通过统计追踪用户行为进而分析用户行为并建立用户画像，优化提升用户的游戏体验。表 4-10 所示为游戏后台数据监控范例。

表 4-10　游戏后台数据监控范例

平台	大类别	细分类别	监测维度	目的/说明详情
客户端	用户行为相关	用户行为投递	行为	用户登录、注册、支付界面转化率，游戏内交互界面、用户新闻偏好等，用于制作用户画像
服务端	用户相关	用户端投递	安装	设备数量、设备信息
			启动	启动设备数量、设备信息
			特征信息	地域、网络环境、App 偏好等用于制作用户画像
			账号注册	账号注册信息
			选角	账号角色信息
			留存	账号角色留存情况（区分付费玩家和非付费玩家）
			运营数据	留存、付费率、ARPU、ARPPU 等数据
			登录/退出	更新用户登录/退出时的角色等信息
		用户行为投递	行为	用户游戏内的行为信息，用于制作用户画像
		实时在线投递	实时在线	用于制作实时在线报表
	游戏内容相关	游戏内容投递	道具	角色和服务器内的道具数量、消耗路径等
			经验	角色和服务器内的经验获取情况
			虚拟货币	角色和服务器内的货币存量和消耗路径
			新手任务引导	角色和服务器内的新手引导完成情况
			任务	角色和服务器内的任务完成情况
			等级	角色和服务器内的等级完成情况（区分付费玩家和非付费玩家）
			关卡	角色和服务器内的关卡完成情况
	付费相关	付费内容投递	角色支付	角色和服务器内的付费完成情况，包括订单信息等

根据后台监控的数据可以绘制运营数据表，可以分为用户相关、付费相关等，分别如表 4-11 和表 4-12 所示。根据各自项目有条件地筛选合适的重要性指标，并保持高频使用每个设定的指标。

表 4-11　运营数据表示例——用户相关

渠道	付费率	活跃 ARPU	活跃 ARPPU	LTV1	LTV4	LVT23	次留	4 留	23 留
综合									
细分 1									
细分 2									

表 4-12　运营数据表示例——付费相关

渠道	新增人数	新增付费率	新增付费额	新增 ARPU	新增 ARPPU
综合					
细分 1					
细分 2					

4.6.5 设计流程

在产品设计时考虑运营是全局思维，也是相对来说比较难实现的思维，但是又是不得不考虑的思维。将这种思维习惯落实到实际的设计工作中的最佳方法是一定要在设计流程中考虑运营的需求。图 4-17 所示为兼顾运营的设计流程。

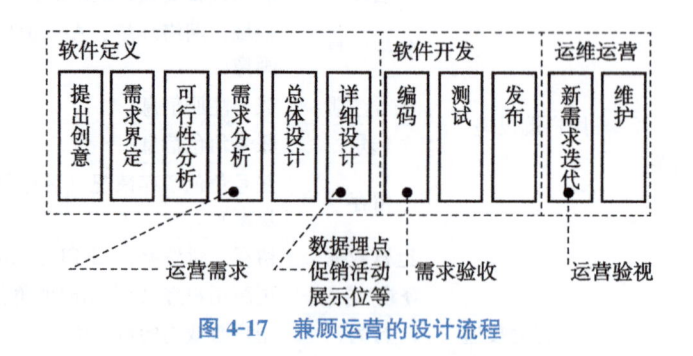

图 4-17 兼顾运营的设计流程

更新后的流程遵从了原本的软件工程流程，并在 4 个点位嵌入了运营相关的事务。

1. 切入时间点

就切入运营需求的 4 个点位来说，首先应当在需求分析阶段充分考虑运营的需要，绝不能有先做出来再说的想法。一般来说，一个普通规模的移动软件的迭代周期至少 1 个月，而首次开发的时间在 3 个月左右。运营所带来的需求很可能会造成产品大幅改动，甚至数据库层级的重新设计，从而造成数据兼容困难等一系列的问题。

因此必须在需求分析阶段就考虑清楚运营的需求，包括未来怎么推广？需要哪些广告位？需要监控哪些数据？做哪些优化等。而在详细设计阶段则必须将之前的需求落实到 UI 上，包括 UI 流程图、线框图和交互原型。

在编码测试阶段产品设计人员必须跟进并确保运营相关的功能被不折不扣地开发出来，并在开发过程中反复思考、模拟运营，思考会不会埋点失败获取不到有用的数据。

在产品发布之后，运营真正进入自己的主场。必须开始遵照之前的运营需求落实数据收集和数据分析，并检讨不好的需求，建立或修正面向运营的设计流程。

2. 生命周期

运营工作必须对应产品的生命周期做好应该做的事情。

1）探索期

在探索期产品与用户是运营的重点，产品经理将产品呈现到用户眼前等待用户的考验，要验证产品的模式需要有"人"参与。在这个阶段，运营人员找到产品的最需人群——种子用户，而且考虑到后续会有大量的用户进入，为了防止杂乱的内容令社区失控，需要确定内容的调性。

（1）引入种子用户。知乎这一款产品在早期投入市场时选择的是半封闭的形式，创始人通过自己的人脉将业内的一些较为知名的人邀请进来。借助这些名人的名气，网络上出现了各种求邀请码的帖子。事实上当时知乎官方也是派发邀请码，但是需要用户填表格申请并通过经官方审核，这种填写个人信息获得邀请码的方式实际上是运营在自己与种子用户间搭建了一座沟通的桥梁。运营将种子用户遇到的问题和建议反馈给产品经理，产品经理根据用户的需求对产品进行改进。

（2）内容调性的确定。Airbnb（爱彼迎）在调查中发现自己网站上的图片都是房东用手机随随便便拍出来的，对于用户没有任何的吸引力。为了吸引用户，Airbnb 的运营人员挨家挨户上门帮助房东拍摄自己房子的照片，并将照片美化上传到网站。由此可见，App 的内容在很大程度上决定了用户是否会喜欢，并且是否愿意继续待在其中。内容调性会对用户第 1 次进入一个 App 时的主观感受产生影响，所以在这个阶段运营人员应该确定 App 的内容调性。如果是内容产品，则需要确定内容的评判标准；如果是电商产品，则需要确定商品的图片展示；如果是社交产品，则需要确定用户与用户间如何连接。

2）成长期

产品渡过探索期正式进入成长期，产品准备好了，需要大量的用户。此时可以使用推广方法告诉用户我们有一款新产品可以来用一用。活动也是吸引用户的一大方法，所以在这个阶段重点是推广 App，并且开始做活动。

（1）推广是核心。在产品的成长期需要获取大量的用户，为此需要推广产品。如果 App 尚未在任何平台发布，则可以申请在应用商店首发；如果已经发布或者申请首发失败，则可以购买应用商店的付费 App 推广服务。但花费过高，不适合创业公司做推广。还有另外一种推广方式随着互联网发展应运而生，那就是通过网红付费推广。为此需要选择与产品价值观相符的网红，切记不要为了效果胡乱选择。

（2）活动开始上线。App 需要大量的用户，这时需要借助运营的手段。活动能够在短时间内快速拉升某一个指标，所以在这个阶段活动是运营人员的首选。2015 年外卖 O2O 的补贴大战中，饿了么、美团外卖和百度外卖三足鼎立，拼命烧钱。新用户仅需 1 元钱就可以点餐，点了两餐共 48 元。加瓶汽水满 50 元直接减 40 元，最后 10 元钱购入两餐和一瓶汽水，最终这种烧钱补贴活动为这 3 个外卖平台快速获取了用户。烧钱补贴确实能够为平台带来大量用户，但这种运营方法注定无法长久运行下去。用户在点餐前都会看哪个平台的优惠更多，然后在最便宜的平台上下单。烧钱补贴带来的用户忠诚度不高，钱会用光。补贴力度不够，用户就会离开。所以除了烧钱抢用户，还需要用活动的手段培养用户的使用习惯。

3）成熟期

App 进入成熟期，运营人员在这一阶段除了要注重用户运营，提高用户活跃度，还要注重品牌运营。

（1）用户活跃度。App 内已经有了大量用户，但是并不活跃。所以部分 App 会在这个阶段完善用户激励体系，具体的激励方法可以是虚拟荣誉、积分等级、徽章等。用户的活跃度还需要 App 本身活跃度作为辅助。例如，摩拜推出月卡，或摩拜送了免费骑行的月卡，或又推出了 2 元续费 1 个月和 5 元续费 3 个月的月卡，当然这些信息推送的背后隐含着一个经过精密核算的商务计划。

（2）品牌运营。摩拜和 ofo 处于成熟期时，纷纷加强了品牌运营。以 ofo 为例，它请来了当红小鲜肉鹿晗作为自己的形象大使，并进行了社会广告投放，在公交站和地铁站等都能看到鹿晗与小黄车的身影。在神偷奶爸 3 上线前 ofo 就与神偷奶爸合作，推出了小黄人合作款小黄车并发布了 5 张头条报，ofo 通过与小黄人合作再次将自己的品牌打响。

4）衰退期

近些年处于衰退甚至生命周期结束的产品不在少数，雅虎中国邮箱停止服务，朋友网也宣布将关闭。其实每一个互联网产品都会进入衰退期，但这并不意味着这个产品的生命会完结。

对于很多人而言，豆瓣这款产品其实已经很老了。用户最经常使用的是电影、书籍的评分及评价等功能，但使用小组及广播等功能的用户活跃度大不如以前。豆瓣是否会就此倒下？怕是不会。豆瓣结合自身开始摸索新的产品方向，2017 年 3 月上线了知识付费栏目——豆瓣时间。之后又推出了视频文化寻访节目"如是"，这些举动都是豆瓣在试图破局。

4.7　课后习题

1. 分析 e 租宝的运营风险。
2. 假设你是微信运营方，你会如何构建数据指标集？
3. （必做）针对本学期大作业构建指标集、埋点和风控策略。

第 5 章 预估 UI 的成本

不少产品经理是从技术岗转过来的,但 UI 设计师却大部分一开始都是设计岗,因此不少人都不懂开发。对此,大家早已习惯,理所当然地认为产品和 UI 设计不懂开发很正常。

如果回头看传统领域,如电子设计,就会发现设计产品时把控材料成本(BOM 表)是必修课。软件也一样,同样要考虑开发成本和开发可行性。

5.1 UI 元素

UI 上的图标元素多种多样,大致可以分成应用图标、解释性图标、交互图标、装饰和娱乐用图标。

(1)**应用图标**:不同数字产品在各个操作系统平台上的入口和品牌展示用的标识,它是这个数字产品的身份象征。在绝大多数情况下,它会将这个品牌的 LOGO 和品牌用色融入图标设计中,也有的图标会采用吉祥物和企业视觉识别色的组合。真正优秀的应用图标设计是结合市场调研和品牌设计的组合,它的目标在于创造一个让用户能够在屏幕上快速找到的醒目设计。

(2)**解释性图标**:用来解释和阐明特定功能或者内容类别的视觉标记,在某些情况下并不是直接可交互的 UI 元素,在很多时候也会有辅助解释其含义的文案;同时,它们还常常作为行为召唤文本的视觉辅助元素而存在,以提高信息的可识别性。很多时候用户会借助这些解释性图标来获取信息,而不是相搭配的文本。

(3)**交互图标**:在 UI 中不仅仅具有展示的作用,还会参与到用户交互中,是导航系统不可或缺的组成部分。它们可以被点击并且随之响应,以帮助用户执行特定的操作,触发相应的功能。

(4)**装饰和娱乐用图标**:通常用来提升整个界面的美感和视觉体验,并不具备明显的功能性,但是它们同样是重要的。这类图标迎合了目标受众的偏好与期望,具备特定风格的外观,并且提升了整个设计的可靠性和可信度。更准确地说,这些装饰和娱乐用图标不仅可以吸引并留住用户,并且可以让整个用户体验更加积极。装饰和娱乐用图标通常呈现出季节性和周期性的特征。

细分起来，又可以分为导航、表单、表格和列表、搜索、分类、过滤、工具等图标。我们在《知其所以然——UI 设计透视》一书中详细介绍了这些图标。

在多数情况下，一组要设计的内容可以用不同的方式设计。例如，要在 App 中支持地址选择就存在多种方法，图 5-1 所示为地址选择的两种方式。

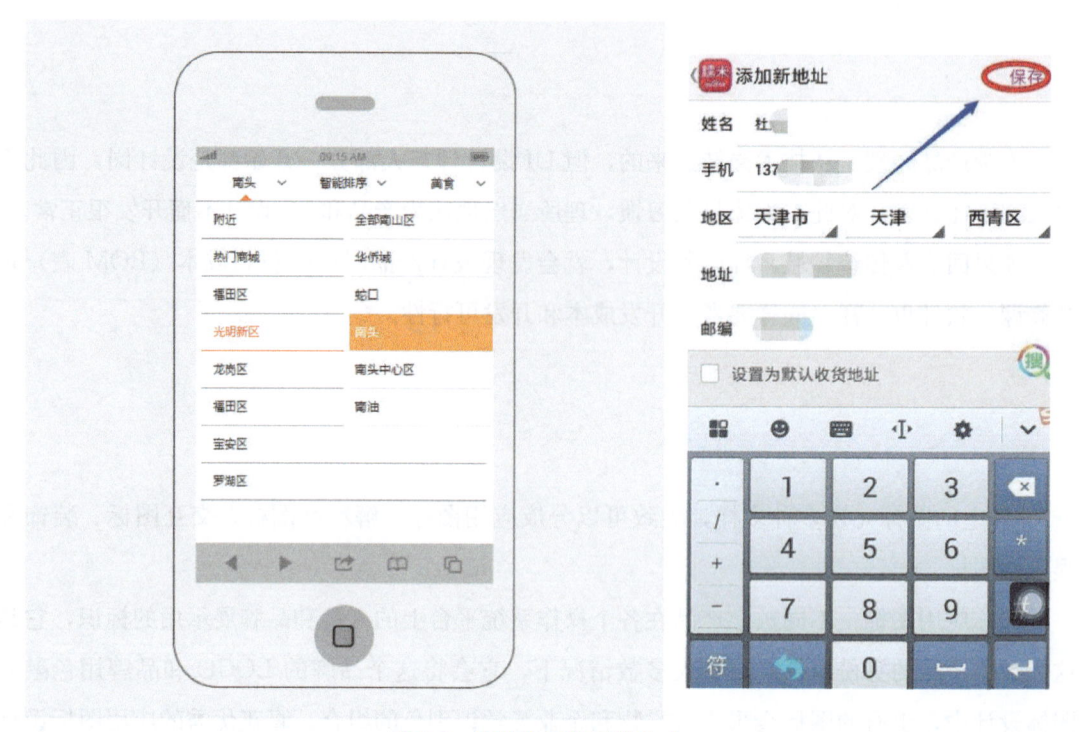

图 5-1　地址选择的两种方式

如果用不同元素实现，那么工作量一定是不一样的。元素对应的开发量应当作为高级技巧被产品经理掌握，至少产品经理和 UI 设计人员在权衡两个方案时应该知道相互之间工作量的差别。

例如，我们需要设计一个文件上传页面，方案 1 和方案 2 如图 5-2 所示。在对需求了解不透时很容易想到的是方案 1，即直接增加文本框，然后在其中输入包含路径的文件名。如果希望设计一个漂亮一点的浏览器界面，则会选择方案 2。

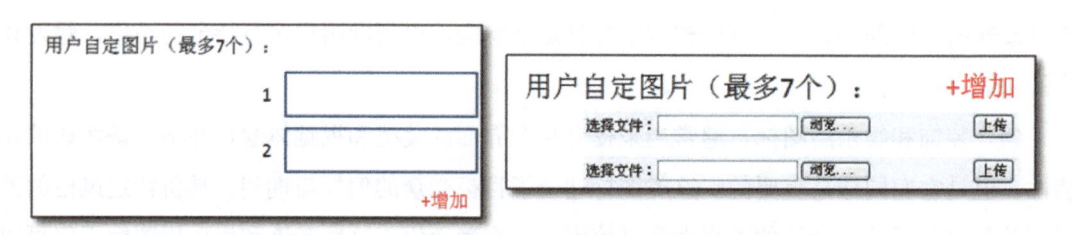

图 5-2　文件上传页面的方案 1（左）和方案 2（右）

如果站在开发角度考虑，方案 2 反而比方案 1 要简单。原因就是"+增加"按钮在方案 2 中是固定的，但是在方案 1 中却是要改变位置自适应的。其实还有更方便的方案 3，只不过该方案的运营需要透彻了解需求，知道最多不会超过 7 个文件。图 5-3 所示为实现上传文件页面的方案 3。

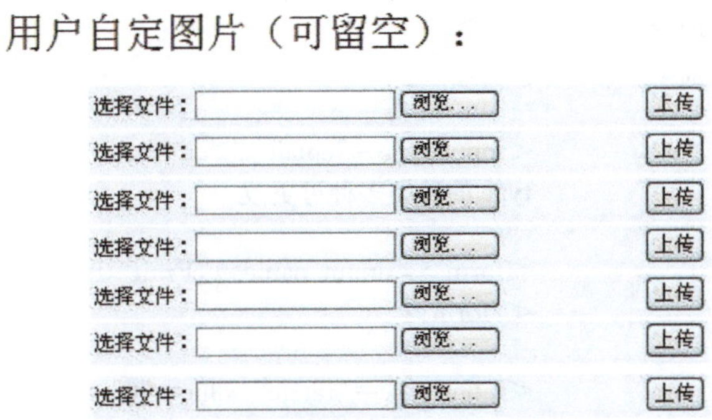

图 5-3 实现上传文件页面的方案 3

由此可见，不同的设计方案带来的工作量和体验截然不同。体验好 UI 并不意味着难做，易开发的方案也不一定体验不好，因此最重要的是设计人员要对设计的内容大概会有多少工作量做到心中有数。

5.2 UI 元素对应的代码

为了让读者初步了解开发人员在代码层实现 UI 元素的常用代码、工作量和注意事项，笔者整理了 40 余种 UI 元素的实现方式。

表 5-1 为 UI 元素及 HTML 代码对应表。

表 5-1 UI 元素及 HTML 代码对应表

UI 元素	图 例	代 码
按钮	 Click Me!	<button type="Button">Click Me! </button>
开关键	 Off On	<button type="Button" onclick="off()">off</button> <button type="Button" onclick="on()">off</button> off()：表示 JS 中的关闭函数，on()则是 JS 中的开启函数
	 ON	使用 div +CSS 布局，点击时 div 模块覆盖另一侧同时触发对应事件
滚动条	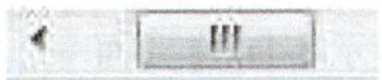	<iframe src ="/index.html" scrolling =" yes"></iframe> // overflow-y:auto 滚动条的出现需要内容的支持，当内容在行内框架足够多时就会产生

续表

UI 元素	图 例	代 码
下拉菜单		\<select\> CSS 可改变下拉列表 select 框的默认样式
列表	无序列表	\<ul\>
	有序列表	\<ol\>
文本框		\<input type="email" /\> type 的种类多种可更改
复选框	□苹果 □桃子 □香蕉 □梨	\<form\>\<input name="Fruit" type="checkbox" value="" /\>\</form\>
滑块		\<input type="range" value="0"\> 也可用 CSS 制作滑块
占位提醒	点此搜索	\<input type="text" placeholder="点击搜索"/\> placeholder 属性使用于 \<input\> 标签的 text、search、url、telephone、email 及 password 类型
加载器	Loading 66%	利用 JS +CSS 与 HTML 中的 img 可实现，或者直接利用 JS +CSS
进度条		\<progress\> \</progress\>
时间轴		利用无序列表\<ul\>+CSS 样式渲染 时间轴也可由不同的 div +CSS 实现，样式不同，所用代码不同
启动页		启动页一般是用一张图片进行摆放，同时利用 JS 控制展示时间 启动页是自动消失的，而且一般是越快越好
工具提示	百度工具栏	\<a title="百度工具栏"\>百度工具栏\</a\>
窗口		\<div\>+CSS 固定宽高，可实现小窗口 新窗口可用\<a\>超链接
Tab 页签	问题 专栏	先利用 div +CSS 实现布局，再利用 JS 内容展示
面包屑	Home / Library / Data	\<nav\>\<a\>+分隔符("/" 用：before +content)\</nav\>
导航条	网页 新闻 贴吧 知道 音乐 图片 视频	nav +div +CSS 样式布局，用超链\<a\>导航内容所在页面
分页器		利用 JS +CSS：点击不同的圆点展示不同的页面

表 5-1 为 UI 元素在 Web 页面的表达，主要依赖 HTML5 的标签，以及相应的 JS。通过表 5-1 我们可以看出 UI 设计工程师掌握基本的元素实现方式并非难事，最关键的是有了这些功底无须面临太多的未知领域，从而有效提升自信心和战斗力。

5.3 估算开发周期

在业内估算开发周期的方法可谓种类繁多，有的公司按代码行数衡量工作量，有的按参考版本或者近似版本的接口数、表数衡量本期预估开发周期，有的按照模块分别估算工作量。这些方法都存在这样那样的问题，而且据统计 90% 以上的项目都会经历一次以上的延期。

产品经理是对项目开发进度负责的直接相关人，必须具备开发周期的估算能力。比较科学的估算方式应该遵照以下步骤：

（1）在项目定义阶段依据模块数量参考过去的经验进行初步估算。

（2）准确估算在线框图基本完成后进行。

（3）估算人员应当知道"人月"数并不是最重要的周期单位，因为不同岗位的人员做不到完全替代。

（4）准确估算应当区分关键路径在大前端（终端及数据绑定）还是后端（简单的数据库查询和记录，还是存在复杂算法）。

（5）估算关键路径。

（6）如果关键路径在前端，那么估算时应当以页面数、控件数和控件开发难度为重要参考因素。

（7）如果关键路径在后端，那么应当以算法掌握的熟练程度为重要指标。

（8）需要增加与设计量相当的测试和修复时长。

由此可见，是否能准确把握页面数、控件数和控件开发难度对开发工作量的影响是决定一个 UI 设计师是否能顺利走上产品经理岗位的关键因素。

项目开发进度的预估对每个公司来说都是摸着石头过河，优秀的团队经过一段时间的反复递归计算后能找到本公司项目进度预估的相对准确的模型。为了协助读者建立进度把控意识，以及尽快找到预估周期的感觉，我们在这里对国内外的周期估算方法做一个简单介绍。

对软件开发周期进行准确估算在软件开发中是非常困难的工序之一，之所以困难是因为软件开发所涉及的因素不仅多，而且异常复杂。即便是极其类似的软件项目也不能完全照搬，在估算的把握上有一定难度。估算也是软件开发中很重要的一个环节，如果低估项目周期，则会造成人力低估、成本预算低估、日程过短。最终人力资源耗尽，成本超出预算。为完成项目不得不赶工，影响项目质量，甚至导致项目失败。如果项目周期估计过长，则表面看来影响不大，但是实际上也会带来成本估计过高和人力资源利用不充分、效率低下的后果。无论哪种情况，对于项目经理控制整个项目都会带来很大影响。开发周期估算如同盖楼房中的打地基，是后续工作的基础。完成质量的好坏所带来的影响会贯穿整个项目，由此可见正确估算开发周期的重要性。

国内软件开发的管理目前正逐步向规范化发展，但是在开发周期的估算上绝大部分还处于手工作坊的状态。这是指两个方面，一方面是管理人员意识上没有认识到估算的重要性。认为估算就是一个大概的估计，很多还受限于商业行为。例如，为了签订合同而不惜减少开发工作量却未经任何评审。另一方面也没有专门的工具来辅助估算，或者说没有专门对它进行研究。一个软件开发周期究竟要多长基本上是依靠经验来判断，具有不同经验的人估算出的周期相差很大，而更糟糕的是这种开发周期的判断由于完全凭借经验，所以使得持有不同意见的人之间很难沟通。因为谁都没有确切的量化标准来支持自己的判断，所以最终的结果往往是以"专家"的估算为准。这有些类似中式烹饪，放多少佐料没有依据，一般都是"少许"。这个"少许"靠的就是经验，高级厨师和新手根据这个量炒出菜的味道可能差得很远。实际上有效的软件开发需要的正是定量估算，这样做不仅规范，而且精确，十分有助于软件事业的健康发展及与国际接轨。

国外发达国家在软件估算上比国内要成熟得多，不仅有很多先进方法，如代码行估算法、功能点估算法、人力估算法，而且形成了专业化的估算工具来辅助这项工作。例如，微软公司开发的项目管理工具软件Project、加拿大Software Productivity Center In.公司开发的Estimate等都是比较成熟的估算辅助工具。Project采用了自下而上的估算法，Estimate更是专业化工具，包含常用的各种估算方法及校正方法。它使用了Putnam Methodology、Cocomo II 和 Monte Carlo Simulation 几种成熟算法，估算结果除了项目花费时间、人力，还包括十几种分析报告，以及模拟发散图、计划编制选项图、人力图、预计缺陷图、缺陷方差图等，从各种不同角度辅助管理人员进行分析。

采用辅助工具估算软件开发周期具有明显的优势，这些辅助工具是在大量不同类型项目数据研究的基础上总结开发出来的。采用的算法、估算的方法已经很成熟，估算结果的准确性有保障。由于这种估算是可以量化的，并非依据个人经验直接得出一个结果，因此在结果的评审上有据可依。长期依靠工具辅助估算可以将大量项目的数据和估算结果积累形成历史经验库，即知识成果保存，便于以后利用。

具体来说软件开发是一项非常复杂的工程，不仅包含需求分析、设计、编码、测试、实施、维护等完整的过程，还涉及开发工具、开发人员、项目管理、风险等众多因素。不同因素对估算产生的影响不尽相同，在估算软件开发周期（包括利用工具辅助估算）时必须考虑到这些方面，否则最终结果会和实际结果有很大偏差，从而影响项目控制。

5.4 课后习题

1. （必做）为本学期大作业分析所需时间，并记录为节约时间所做的优化。
2. 在 UI 元素中选择 5 种，每种列举 3 种表达方式并分析其对应的开发工作量。

第 6 章　　　　　　　　　　　　　　　　　　　虚拟现实的 UI 设计

虚拟现实（Virtual Reality，VR）是 20 世纪发展起来的一项全新的实用技术，该技术集计算机、电子信息、仿真技术于一体。其基本实现方式是计算机模拟虚拟环境，从而给人以环境沉浸感。随着社会生产力和科学技术的不断发展，虚拟现实根据虚拟环境构建的方式不同，发展出了 3 个分支，即虚拟现实 VR、增强现实 AR 和混合现实 MR，如图 6-1 所示。

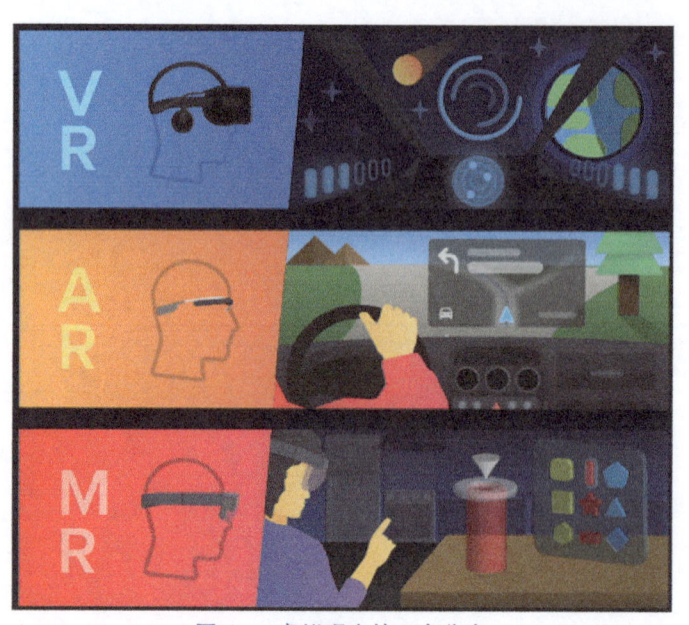

图 6-1　虚拟现实的 3 个分支

2016 年是 VR 元年，而今已经是 VR 第 6 年了。目前的 VR 已经经历了一波热炒且慢慢地平息。但 VR 成本已经在不断降低，VR 技术对于日常生活的影响也变得非常令人期待。UI 作为应用中的一个重要组成部分，对于用户体验和产品推广的重要性可想而知。

6.1　VR 的 UI 设计

VR 技术利用头盔显示器把用户的视觉和听觉封闭起来，构建了一个完全虚拟的 360°景象，使人沉浸其中获得体验。VR 的 UI 设计并不是一个全新领域，实质仍与普通的 UI/

UED 设计一脉相承，有所不同的是设计者要适应这个领域。

图 6-2 所示为一个典型的 VR 中的 UI 界面。

图 6-2　一个典型的 VR 中的 UI 界面

根据这个界面我们能领略其不同的设计要素，做好这个设计，我们必须构建一套与虚拟环境相适应并且能与虚拟环境交互的系统。简单来说，至少需要处理好 3 个方面的问题，即最佳视域、虚拟环境中的交互及视觉设计。

6.1.1　最佳视域

VR 中的场景就像一个满是花纹的气球，而第一人称的角色则位于球的中央。它所见到的世界就是画出来的花纹，而并不是外面的真实世界。把这个球（球面投影）展开可以得到一个平面的效果，需要注意的是除了左右眼的中央部位以外，其他部分因为展开的原因都有压缩和变形。

图 6-3 所示为 UI 展示区域 VR 场景展开成平面的效果。

图 6-3　UI 展示区域 VR 场景展开成平面的效果

如果不考虑俯仰视角而单纯考虑水平，则是一个完整的 360°视角；如果考虑俯仰视角，则全尺寸是水平 360°、垂直 180°。为了方便讨论后续问题，我们假设画布尺寸为 3 600 px×1 800 px。

对于过大的尺寸，UI 和 UX 设计人员并不会太在乎。因为人的两眼结构决定了最佳视野是横向 12°～20°、纵向±47°的区域，即人脸的正前方，球面正中央的尺寸为 1 200 px×600 px 的一小块区域。差不多为整个投影的 1/9，如图 6-4 所示。

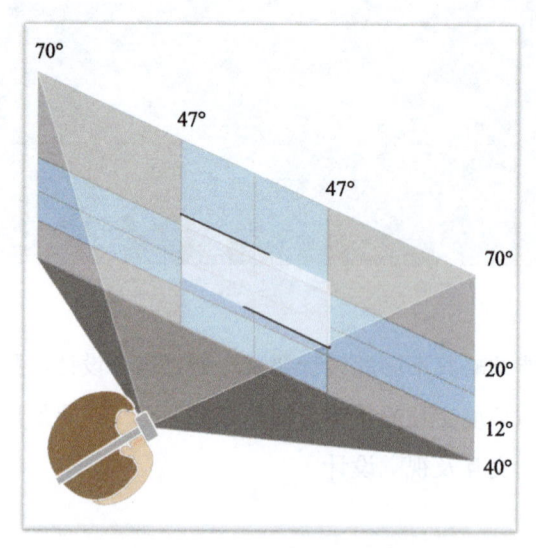

图 6-4　VR 环境下的最佳视野

根据这个原则，VR 中的重要信息都应该展示在这个区域中。

6.1.2　虚拟环境中的交互

VR 中的交互与普通交互最大的区别就是在视野中看到的我们正在操作的装置都是虚拟模型，和实际的感觉会有差异。因此，操作者必须要在内心将显示的虚拟模型当成自己的手，如图 6-5 所示。同时，这个模型或者手柄在操作时因为定位精度的问题容易产生距离估计不准确、抓握感漂浮等一系列不好的体验。

随着科技的进步，目前这方面也做得越来越好，另外我们可以通过交互方式的设计来规避定位不准的问题。例如，腿部走动改为热点跳跃，抓握动作改成吸取等。

除了这个差别，VR 内的交互还有很多其他优化方式。

一些企业选择通过优化 UI 流程和架构，让用户在 VR 场景下通过凝视、摇头等头部动作来实现确认等交互操作。目前在一些游戏平台中发售的游戏就是在用这种交互模式，用户通过凝视组件一段时间后表示执行了确认操作。这种模式可以使玩家在 VR 模式中在不破坏沉浸感的前提下，实现较多操作；同时也不需要购买额外设备，是一种较为完善的方案。但是这种交互也存在一定问题，首先目前很多 VR 交互都需要玩家通过凝视这一方法执行操

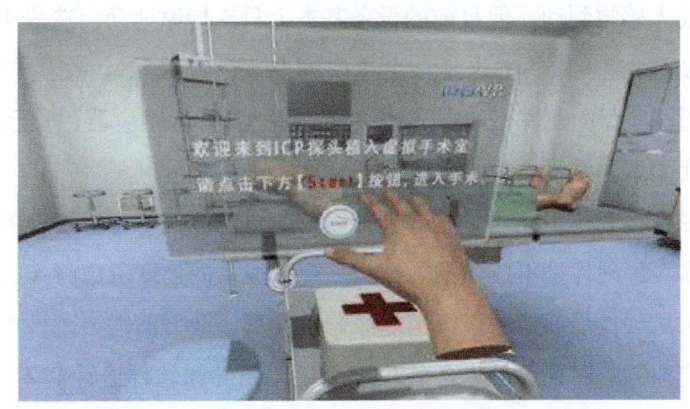

图 6-5　必须要在内心把这个模型当成自己的手

作，而这种模式对于用户操作反馈较慢，无疑会影响用户使用的连贯性；其次由于用户可以实现的操作动作非常有限，因此使得产品经理或者策划在进行 UI 设计时必须要将功能设计得简洁明了，这就对相关设计人员的设计水平提出了更高要求。

在 VR 领域还有一些新型交互方案，如利用手机前置和后置摄像头，以及语音等，这些交互方案更加贴合用户使用习惯，同时也不增加用户负担。但是由于技术能力限制，目前很多方案仍然处在研究过程中。在未来手机 VR 应用会进一步提升用户体验领域的研究水平，同时相关研究也会进一步促进 VR 应用的发展。

就具体交互规则来说，有以下一些注意事项：

1. 距离

距离是根植在我们头脑中对显示时间的感觉，如果在虚拟空间中这个感觉对上了，那么就会让我们认为这就是真实世界，否则就会很清晰地知道"这是假的"。如果是在游戏中，那么马上就"出戏"了，因此对于触碰或者抓持一定要与我们的手部相关。

在虚拟世界里交互方式大致分为如下两种：

（1）近距离（1米以内）：建议用手柄直接与界面交互。

（2）远距离（1米以外）：建议用射线、视线或者语音与远处的界面交互。

2. 转动

与普通交互不同，VR 环境中一定要设法避免眼前内容的晃动和转动。一般来说晕车、晕船、晕飞机之类的晕动症分为如下 3 种：

（1）看到动了，感觉没有动，如打 FPS 游戏就是这种情况。

（2）感觉动了，但是看到没有动，如晕车、晕船、晕机就是这种情况。

（3）感觉的运动情况与看到的运动情况不匹配，如宇航员在做离心机训练时会遇到这种情况。

非常不幸的是，VR 环境中包含了其中的第 1 项和第 3 项。因为普通的 VR 游戏即便加上座椅等设计，让人感觉到动，但目前的设备基本上只支持原地动而造成头晕。

另外，VR 的显示速度跟不上也是一个重要问题（硬件眩晕），在用户脑中产生的拖影问题会加重心理感受。VR 硬件带来的晕眩主要包括 GPU、感应器、显示屏、芯片成像透镜，以及瞳距和距离调整结构。

解决硬件晕眩也很简单，使用最好的硬件就可以尽可能减少硬件层面的晕眩。但是现阶段消费者认为众多 VR 硬件是不成熟的，因为厂商从成本的角度考虑将 VR 设备的性价比做得更高一些。如果从硬件层面着手试图消除眩晕的问题，一方面需要硬件市场降低成本；另外一方面还需要产业链的保证。从设备的角度来说，硬件和软件设计的不合理造成了晕眩，那么解决方案也是要从这两方面入手。目前来看，各大厂商都提出了自己的解决办法。硬件能发挥的作用更大一些，但也绝不能孤立来看。

3. 画面延迟

采用低延迟技术选购虚拟现实设备，很重要的一个指标是从转动头部到转动画面的延迟，画面延迟在很大程度上取决于显示屏的刷新率。目前世界上最先进的虚拟现实设备刷新率为 75 Hz。研究表明，头部转动和视野两方面的延迟不能超过 20 ms，不然就会出现眩晕。

另外添加虚拟参考物也是一个缓解的办法，普杜大学计算机图形技术学院的研究人员发现只要在 VR 场景中加一个虚拟的鼻子就能解决头晕等问题。研究人员在各种虚拟场景中对 41 名参与者进行了测试，一部分人会有虚拟鼻子，一部分没有，结果发现有鼻子的人都能保持更长时间的清醒。

4. 沉浸感的增强

人类的视觉是一个非常精密的器官，研究发现如果给老鼠带上 VR 头盔，它们会非常自然地并迅速地沉浸在虚拟的环境中。而同样画质的视频让人体验，却很容易区分出来。其中重要的原因就是人眼太容易区分出自然景观和人造模型，因此沉浸感的增强必须借助其他方式。

1）光影的使用

光照和阴影是环境中必不可少的因素，光照有助于加强整体环境的画面感，阴影则让整个场景看起来更富有层次，善用光影效果能帮助设计师更好地呈现游戏剧情。所以在 VR 游戏环境的设计过程中需要考虑场景整体的光影效果，以达到在完美呈现游戏内容的同时提升玩家用户体验的效果。

2）有趣仿真的动效使用

动效可以提供有效的暗示，指引用户操作，以及维持整个系统的连续性体验。在 VR 环境设计中，合理加入动效可以明显地提升沉浸感。

环境动效一般不参与交互，主要起到烘托氛围的作用。所以在性能达标的情况下完全可以在设计时加入动效来营造氛围，通过动效展示来增加用户的愉悦感。例如，风、飘雪、落叶等。

在 VR 环境设计中也可以增加某些交互和粒子特效，如创建一些尘埃、落叶，甚至萤火虫效果，这些特效的加入会让整个场景感觉真实许多（提示：超过 20 米以外的距离就会失去这些效果，设计时需要控制好空间距离）。

常用的 UI 交互类动效有进场、退场、响应态、过渡、加减速变化等。

3）合理的音乐、音效使用

VR 中的音乐、音效可以作为视觉反馈的辅助，提升用户的沉浸体验，好的音乐、音效可以直达人心。当用户在体验过程中听到合适的背景音乐，或在交互过程中有合适的音效，则绝对提升沉浸感，体验效果也会成倍增强，所以音乐、音效值得设计师用心地筛选和添加。

常用的方法是添加场景内的固定声源和移动声源，通过立体声渲染出距离感和移动感，图 6-6 所示为添加固定声源，图 6-7 所示为添加移动声源。

图 6-6 添加固定声源

图 6-7 添加移动声源

总体来说，VR中的交互设计需要尽量接近人在现实世界的场景。距离要符合生理习惯，速度要符合常理，而反应快慢也要接近自然界。还需要适当地通过其他力反馈技术，让用户尽量减少"出戏"机会。

6.1.3 视觉设计

由于展现全虚拟空间、视野受限和操控性等，VR的视觉设计要比以平面展示为主题的常见应用软件特殊得多，考虑的因素也要多得多。为了在目前的技术基础上尽可能提升VR体验，相关的UI设计可以从构图、尺度感、场景设计、色彩和文字等方面进行综合考虑。

1. 像电影一样构图

VR讲究的沉浸感是传统UI设计所没有的，而这种沉浸感却恰恰与电影所注重的"代入感"和"共情感"异曲同工。"代入感"就是一种只可意会不可言传的感觉，能够让观众仿佛置身于影片中与主角一起经历风雨、一起感动哭泣等，让人们能够在观看的过程中更能体会影片的主题与精神。

因此在VR中设计场景时完全可以借鉴已经成熟的电影拍摄技巧，用场景来讲故事。默认的摄像机视角应当按照拍电影的最佳机位布设并注意好摄像机的如下6个变量：

(1) 角度。

(2) 景别：影响比例与视角的因素。

(3) 动作：升、降、跟——跟拍、移。

(4) 景深：正常、浅景深、深景深、受镜头的焦距和f制光圈的影响。

(5) 焦点：画面内的可选择性。

(6) 速度：正常、快动作（低速摄影）、慢动作（高速摄影）。

在场景中各个对象的大小搭配、色系和聚散程度都应当站在导演的角度思考、操控及整合，并且在构图时带入环境，增强故事性；另外光线也要设置合理，用好光的艺术，巧妙地利用现场的局域光使照片显得专业、大气。

拍电影时所采用的构图技巧也非常值得VR场景借鉴，例如，电影构图是结合被拍摄对象（动态和静态的）和摄影造型要素，并且按照时间顺序和空间位置有重点地分布和组织在一系列活动的电影画面中形成统一的画面形式。一般来说，电影画面构图分为主体、陪体和环境3个部分。

现实中导演为了拍出优秀的作品，对场景必须要进行适当地构思、整理并用道具配饰。导演专门在这方面配备了助手，即布景师、灯光师和道具师，他们所擅长的舞美设计技能也是VR视觉设计人员所应当具备的。VR场景的制作过程从工作环节上来说与拍电影完全没有区别，只是因为现在大部分企业没有达到这个规模，所以依然是一人多能。

图 6-8 所示为从电影拍摄技巧角度组合和摆放场景物体及布设默认摄像机。

图 6-8　从电影拍摄技巧角度组合和摆放场景物体及布设默认摄像机

2. 建立尺度感

衡量 VR 系统的关键指标除了良好的沉浸感和人性化的人机交互外，还有以假乱真的真实感。VR 系统的真实感首先是视觉上的真实感，如果把 VR 系统比喻成话剧，那么戴上头显用户看见的就是舞台。为了让舞台足够真实，技术和数据工程师都需要下足功夫。

真实尺度感的建立依赖于其中模型的真实度，至少所含有的用户熟悉物品的模型具有相当的真实度。一方面，我们可以通过精细的模型提高真实度，模型的面数越多越真实。为了提升真实感，很多美工做的模型动辄上万个面。为什么一幅装修效果图需要花几个小时渲染？原因就是三角面太多，数据量太大。这样的模型数据在实时渲染的 VR 系统中是无法使用的，所以 VR 系统的场景构建有一套严格的数据生产流程，这套流程的终极目标就是追求数据量和效果之间最完美的平衡点。另一方面，我们需要在模型大小上建立尺度感。用户所熟知的模型除非是有意夸张，否则这些模型必须保持大小的一致性。这种目标的达成可以借助低成本的全景拍摄，或者在摆放场景对象时保持好对象真实尺寸之间的比例。

图 6-9 所示为一个虚拟环境。单行车道的宽度、地面标志线的宽度、橱窗的高度等都维持了良好的比例，这样角色就相对容易产生沉浸感，而不会出现"特斯拉"降临的视感；同时合适模型比例保证了用户可以获得良好的尺度感，并容易让角色理解这个场景的物理空间的大小。即使空间中还存在其他并非用户熟知的模型，用户也能很快地针对该模型建立相对准确的空间感。

3. 做好模型策划

目前最常用的 VR 场景的模型构建有全景拍摄、三维扫描及人工建模 3 种方式，全景拍摄是目前虚拟场景构建成本最低的方式，也是 VR 视频拍摄方式。随着通信技术的飞速发展，这种方式使 VR 技术在各行业得到了广泛的运用。例如，VR 看房、VR 旅游、VR 城市等都采用了这种场景构建方式，目前链家的"VR 看房"也采用了全景拍摄。

图 6-9　一个虚拟环境

三维扫描存在高低端之分，高端通常采用激光扫描，能建立物体的精细三维模型；低端则大多采用相机，甚至手机的摄像头建模。不论高端低端，这种方式最大的弊病源于点云建模的方式，即产生很多面，数据量太多，加载和传输成本很高，限制了实用性。

图 6-10 所示为三维扫描建模。

图 6-10　三维扫描建模

人工建模方式借助三维设计软件，如 3DMax 利用对产品的了解进行精细化建模。高精度模型强调面面俱到，而普通精度模型则可以通过在外观大致一致的模型上贴实景照片，将本应精细建模的小细节全部借助图片实现。这种方式所建立的模型数据精简，面数少，与程序进行交互也容易。

由此可以看出在设计能力和视觉要求之间存在一条鸿沟，很多情况下必须做出取舍才能达到速度和效果的一个相对的综合最优。但遗憾的是人的眼睛太挑剔，效果微弱的偏差就会导致用户觉得太假而融入不了情节。

为了达成用户体验，我们应当放弃在速度和效果之间做折中的这种思路，而利用策划环节扬长避短。

（1）尽量不要使用过多的透明和叠加，这会使程序崩溃，甚至无法运行。

(2) 降低多边形数量，不要一直让设备处于高性能状态运行。

(3) 设计时需注意用户头部的运动，重要的信息一定要设计在用户最佳的 FOV 区域内，避免用户频繁转头操作。

(4) 严格控制精细化模型的高质量和低数量。

(5) 低精度的模型应当作为背景、远景和余光区的对象使用，不要进入画面中心。

(6) 加强技术，做到分步加载，余光区的用粗模型，眼前的用精细模型。

(7) 通过阻拦设置防止用户贴近低精度模型。

(8) 利用舞台光线设计，有意将余光区以外的部分调暗。

图 6-11 所示为场景策划合理的例子。

GPU 中渲染的顶点数取决于其性能和渲染的复杂程度，一般在移动平台上建议不超过 10 万个顶点。过多顶点可能引起性能问题，以致帧数下降带来卡顿，直接导致晕眩。图 6-11 中的草原湖泊源自 VR 场景，但逼真度非常高，数据量也不大。原因就是所有的精细物体都与第 1 视角保持相对较远的距离，用户的大脑可以自动协助补全因考虑数据量而删减的模型细节。如此一来，需要精细化渲染的物体仅限于近距离的物体，从而可以减少 GPU 和 CPU 的消耗，提高了帧率，保证了体验。

图 6-11 场景策划合理的例子

我们必须要坚定沉浸感是最高要求的原则，虽然技术一直在进步，但只有在现有技术的基础上通过各种扬长避短的方法达成良好的用户体验才是业界健康发展的途径。

4. 构建直观的导航

VR 系统内部导航与普通 UI 软件有相同之处，即可以借助声音、高亮、按钮、快速跳转等方式进行导航，并且还多了一个用户用自主行为漫游；另外与普通 UI 有差别的地方在于每种导航方式体验差异很大。

(1) 声音和高亮等导航方式均锁定在固定位置，如果距离较远，则主角很难迅速发现这些导航点。

（2）自主行为方式导航在漫游速度、模型精细化和眩晕度之间必须合理搭配，否则容易引发用户感官不适，很难获得良好的用户体验。

（3）按钮操作因为用户必须要借助手柄射线，所以对准的耗时大。

例如，对于行走，我们建议采用一种简单并且在 VR 领域中非常普遍的传送技术。只需要用户按下并握住一个按钮，并将控制器指向自己想去的任何地方，等释放按钮后用户就会到达目标位置。

图 6-12 所示为 Unity 中用 SteamVR 插件的 TeleportPoint 构建传送门。

图 6-12　Unity 中用 SteamVR 插件的 TeleportPoint 构建传送门

5. 色彩和文字

在 VR 系统中除了试衣镜等专用软件，色彩的主要意义不在于贴近自然颜色，而是烘托气氛。因此需要借鉴电影拍摄中利用色彩的造型功能和表意功能的技巧设计整个 VR 系统的色彩，甚至可以夸张和造假，强化某种色彩。把色彩当成一种总体象征和表意的因素，起到烘托环境、表现主题、塑造人物形象的作用。

（1）利用色彩营造基调：色彩基调是指色彩在画面中表现出来的全片总的色彩倾向和风格，一部作品往往以一种或几种相近的颜色作为主导色彩，在视觉形象上营造出一种整体的气氛、风格和情调。

（2）利用色彩形成构图：色彩构图是指画面中色彩的组合及其关系构成丰富的表意性，不但给人以视觉上的美感，而且自身也成为抒情表意的视觉符号，这也是对色彩的局部表现力的营造。

（3）利用色彩参与结构：通过色彩的变化与对比来构建整个 VR 场景。

除了场景之外，各种导航和提示的色彩和内容也是我们所关心的，需要注意如下方面：

（1）导航和提示的色彩需要单一化，并且选择与整个氛围协调，但又具有相当对比度的颜色，如图 6-13 所示。

（2）按钮数量要少，尺寸相对要比较大且位置必须位于 FOV 区，否则容易导致控制不精准。

图 6-13　导航和提示的色彩需要单一化

（3）导航和提示的颜色要少，不要眼花缭乱，如图 6-14 所示。

图 6-14　导航和提示的色彩协调

（4）导航和提示外形走势要与被标注的对象一致，如图 6-15 所示。

图 6-15　导航和提示外形走势要与被标注的对象一致

（5）字符样式（即常用字号）与非 VR 的 UI 设计类似，如 Web 端的正文常用字号是 14 px。VR 端也需要一个常用的基准字号，可以根据不同级别的文字测试确定合适的字号大小，如标题、正文、按钮、注释等。

6.2　AR 的 UI 设计

AR（Augmented Reality，增强现实）是一种将虚拟信息与真实世界巧妙融合的技术，该技术广泛运用了多媒体、三维建模、实时跟踪及注册、智能交互、传感等多种技术手段将计算机生成的文字、图像、三维模型、音乐、视频等虚拟信息模拟仿真后应用到真实世界中。两种信息互为补充，从而实现对真实世界的"增强"。

AR 所提供的场景是由摄像头捕获的真实画面与虚拟内容（如数字物体或信息）结合组成的。当用户的手机在现实世界中移动时，AR 设备会通过一个名为"并行测距与映射"的过程来理解手机相对于周围世界的位置。检测捕获的摄像头图像中的视觉差异特征（称为"特征点"），并使用这些点来计算其位置变化。这些视觉信息将与设备的惯性测量结果结合，一起用于估测摄像头随着时间推移而相对于周围世界的姿态（位置和方向）。随后通过将渲染 3D 内容的虚拟摄像头的姿态与 AR 设备提供的设备摄像头的姿态对齐，开发人员能够从正确的透视角度渲染虚拟内容。渲染的虚拟图像可以叠加到从设备摄像头获取的图像上，让虚拟内容看起来就像现实世界的一部分一样。

AR 与 VR 不同，AR 可以出现在两个终端，即手机及眼镜上。因此它的 UI 设计需要分两类讨论，二者有共性，但差异也很大。另外，从应用环境上来说，设计 VR 时一切都是设计师说了算。但是 AR 在使用过程中其对象所处的外在环境是复杂多样的，甚至找不到太多共性。

支付宝 AR 红包如图 6-16 所示。

图 6-16　支付宝 AR 红包

AR 的界面设计经常并不考虑与背景的协调性，反而比较容易选择差异化很大的背景，简单而粗暴地回避环境颜色不可预料所带来的问题。

对于公共场所要考虑特殊的情况，其中可能包括追踪和遮挡等问题，具体取决于虚拟物体和在场人员的数量。还要考虑移动手机使用 AR 时，可能会引起不安全或者阻碍了与现实世界的互动。让用户清楚地了解任务所需要的空间大小，从桌面到整个房间，再到世界范围。

6.2.1 AR 中的交互

1. 交互姿势

操作 AR 设备时需要根据每个用户的环境和舒适度确定其应当以哪种姿势进行操作：

（1）坐着，双手固定。

（2）坐着，双手移动。

（3）站着，双手固定。

（4）全方位的动作。

交互姿势的设计关键在于要保证舒适度，确保不会让用户处于不舒服的状态或位置；同时避免大幅度或突然的动作，减少危险的发生。如果出现受伤等情况，即使要求用户签订了免责协议，我们依然会被牵扯其中。当需要用户从一个动作转换到另一个动作时提供明确的方向，并且让用户了解触发体验所需要的特定动作。对移动范围也要给予明确的指示，引导用户对位置、姿态或手势进行必要的调整。

图 6-17 所示为 AR 设备的操作姿势样例。

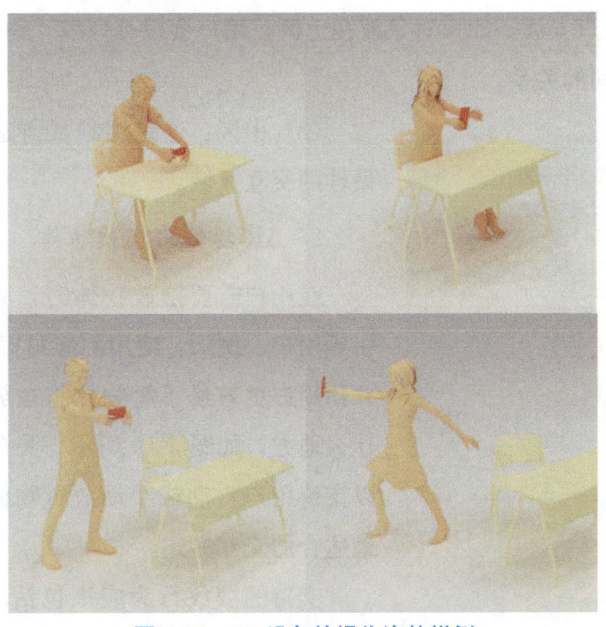

图 6-17　AR 设备的操作姿势样例

2. AR 对象的区域

最佳放置范围有助于确保用户将物体放置在舒适的观看距离内,设计便于更深入的理解。

手机屏幕上有限的视场会对用户感知深度、尺度和距离带来挑战,这可能会影响用户的使用体验,以及与物体交互的能力,尤其是对深度的感知会根据物体的位置而发生变化。

例如,将物体放置得离用户太近,会让其感到惊讶,甚至惊恐;此外,让大物体放置在距用户过近的位置时可能会令其后退,甚至撞到周围的物体。

为了帮助用户更好地了解周围环境的深度,可通过将屏幕相对于手机的视角划分为 3 个区域来考量舒适的观看范围,即下区、上区、中区,如图 6-18 所示。

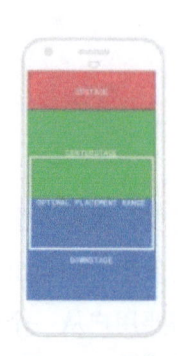

图 6-18　屏幕分区

（1）下区：距用户太近。如果物体没有遵照期望而距用户过近,则用户很难看到完整的视野,从而强迫用户向后退。

（2）上区：距用户太远。如果对象放在上区,用户会很难理解"物体缩小与往远放置物体（近大远小）"之间的关系。

（3）中区：这是用户最舒适的观看范围,也是最佳的交互区域。

3. AR 物体的摆放动作

在用户需要摆放物体时,应该通过可视化指示引导用户。例如,使用阴影可以帮助指明目标位置,并让用户更容易了解物体将被放置在已检测表面的什么地方,如图 6-19 所示;另外,摆放这个动作可以支持用户自动或手动放置物体。让用户自己选择最适合的交互方式。

图 6-19　提示可摆放的位置

支持的摆放行为应该包括,但不限于缩放、旋转、单表面平移、多表面平移、平移约束等。

6.2.2　AR 体验的目标

AR 是新技术，披着高科技的外衣，不像传统产品进入市场时无须进行市场预热和用户教育。这种新技术要取得突破，对体验的要求要高得多。

1. 用户舒适度

注意用户的身体舒适度，长时间举着移动设备可能会很累人。在体验的所有阶段考虑用户的身体舒适度，注意游戏体验的时长并考虑用户何时可能需要休息。

让用户暂停或保存其进度，即使他们切换现实中的位置，也可以轻松地继续中断的体验。

2. 降低用户的挫败感

尽量提前预估并减少用户的挫败感，预估用户实际空间的限制，如室内和室外、实际的物理尺寸或者任何障碍，包括家具、物品或人。虽然仅仅通过应用无法知道用户的实际位置，但尽量提供建议或反馈以减少用户的挫败感。

（1）不要让用户向后退，或进行快速、大范围的身体动作。

（2）让用户清楚地了解体验中所需要的空间大小。

（3）提醒用户注意周围环境。

（4）避免将大物体直接放在用户面前，因为这样会导致其后退。

为了达成良好的 AR 体验，应当注意如下方面：

（1）统一浏览体验：尽量避免让用户在场景和屏幕之间来回切换，这可能会分散注意力并减少沉浸感。

（2）避免弹窗形式：尽量减少屏幕上的 UI 元素数量，并尽量将需要用户操作的控件、按钮放在场景中。

（3）添加的物体具有可删除功能：遵照用户习惯，将物体拖动到垃圾桶标志处即为删除。

（4）让用户轻松重置：在允许的情况下构建重置体验，包括系统无响应或者任务完成时（如游戏）。

（5）权限提醒：明确应用需要某些权限的原因，仅当用户需要体验时才显示获取表面的权限，否则用户可能会犹豫是否允许访问。明确每个权限的好处和相关性，如告诉用户需要访问其设备的相机或位置的原因。

（6）错误恢复：帮助用户轻松地从错误中恢复，使用视觉提示、动画和文本的组合可以为系统错误和用户错误传达明确清晰的解决方案。指示现在出现了什么问题，要避免责怪用户，专注于让用户采取正确的行动。错误提醒的部分示例：一是黑暗的环境，太暗无法扫描，尝试打开灯或移动到光线充足的区域；二是用户移动设备太快，设备移动太快，尝试更慢地移动它；三是用户阻挡传感器或摄像头，看起来传感器被阻挡，尝试移动手指或调整设备的位置。

（7）传达真实感觉：利用视觉技巧将 AR 物体与场景深度进行匹配，用户可能难以在增强现实体验中感知深度和距离。利用阴影、遮挡、透视、纹理、常见物体的比例，以及放置参考物体来可视化表达深度，如青蛙从背景跳跃到前景，通过这种可视化方式表明空间的深度。

6.3 MR 的 UI 设计

VR 构建了一个完全虚拟的世界，AR 则是在现实世界中引入了虚拟对象，这两种方法都瞄准的是内容展现方法。而 MR（混合现实）技术则不仅将虚拟对象引入到了虚拟世界，还把原本只能在现实世界操作的界面同样引入到了虚拟世界的画面上。或者直白一点来说，MR 是把原本要依托现实物体的操作界面用人的凌空点击实现了。

图 6-20 所示为 MR 的应用概念图。

图 6-20 MR 的应用概念图

到目前为止，MR 的应用寥寥无几。关于 MR 的 UI 设计经验也难以总结，在此仅给出大体上的指引。MR 的设计与 AR 有共通之处，因为本质上都是在现实世界中引入虚拟对象，所有的设计都讲究实用性。只有立即帮得到用户才需要做下去，增加的信息必须少之又少。除此之外，MR 的 UI 设计也有很多考虑因素。

1. MR 设计中的个人空间

首先需要尊重用户的个人空间，在 AR 和 VR 设计中也是如此。使对象出现在距用户非常近的位置会使他们感到不舒服，并且对混合现实的控制更少。

为减少这种情况，可以采取的措施是确保在 MR 应用程序中实现的所有精灵或物体都不会出现在两米之外的距离，这是微软 Hololens 认为的最佳距离。

2. 切勿在 MR 设计中使用 2D 资源

避免在混合现实设计中使用任何 2D 资源。与 AR 和 VR 设计不同，MR 必须与现实世界无缝融合。2D 对象无法对光做出反应并反射光，也不能创建阴影。即使在为界面设计菜单之类的内容时，也应始终将其设为 3D。

3. 清晰的用户界面对于 MR 设计至关重要

在 MR 中，重要的是设计绝不能淹没用户。现实世界通常不会让人感到不知所措，那么为什么设计的 MR 应用程序应该与众不同？特别是在希望它与物理世界无缝融合的前提下。

此外如果希望 UI 元素简洁明了，而不是混乱，则仅包含绝对必要的 UI 元素和视觉效果。出色的 UI 就是要尽可能快，轻松地完成工作。

4. 考虑用于 MR 设计的开发工具

需要考虑相关的开发工具，确保在 MR 设计中使用优化的几何体和着色器。使用这些工具的效果对于微软的 Holotoolkit 绝对必要，并且将使 MR 设计更加逼真。

5. MR 的设计受开发工具和设备限制

目前 MR 方面表现最优异的就是微软的 HoloLens，它是首个能让用户与数字内容交互，并与周围真实环境中的全息影像互动的工具。

图 6-21 所示为 HoloLens 交互构建模块。

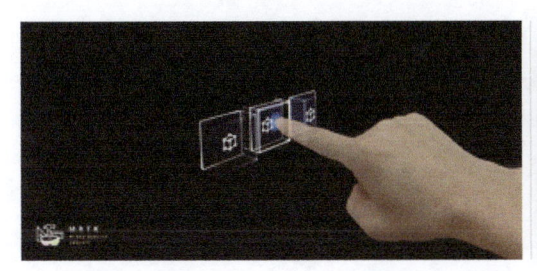

图 6-21　HoloLens 交互构建模块

HoloLens 的开发套件中提供了大量支持硬件设备的交互模块，利用这些模块设计师可以聚焦在创意层面，而不是代码实现层面。

(1) 提供 HoloLens、Windows Mixed Reality 和 OpenVR 上 Unity 开发的基本构建块。

(2) 通过编辑器内仿真实现快速原型制作，并且可以立即查看更改。

(3) 设计可扩展的框架，为开发人员提供交换核心组件的能力。

(4) 支持多种平台。

设计师能做的是必须遵循这些已经提供的构建模块，因此势必也是一个带着镣铐跳舞的过程。

6.4 课后习题

1. 以"CS"对战游戏中的组队界面为参照，设计一款 VR 界面。
2. 以工业 4.0 为背景自选一个场景设计一款 AR 界面。

第 7 章　手机软件 UI 实践

本书覆盖的 6 大内容均为 UI 设计领域内的思考成果，它们超越了普通设计的流程，但又脱离不了普通设计的流程。笔者在本章用一个实例来讲解 UI 设计从创意到落地的全过程，其中会覆盖本书的设计思想，希望能给读者带来一个全流程的印象。

7.1　需求边界

这是一个"大众创业 万众创新"背景下的项目，张含笑是持续创业者。2016 年张含笑作为品牌策划合伙人创办的 A 公司市场表现优异，财务报表卓越，公司顺利地上市。此时他终于可以卸下持续 5 年的重担，功成身退，考虑自己的理想。

他的理想不大，他喜欢狗。持续 5 年的高强度工作让他敢想而不敢做，一旦他出差外地，就担心宠物没人照料。

在再出发的这个时刻，张含笑要开一家宠物寄养店，但是怎样才能成功呢？

> 走访记录："目前宠物寄养的频次并不高，多是小长假、过年或者出差期间的需求。"一名宠物行业创业者对寄养市场的判断，反映的是这个市场需求分布极大的潮汐分布特征。春节假期、小长假等短短的假期时间在全年所占的比例不到 10%，但这段时间内诞生的宠物寄养需求可能高达 80% 以上。

张含笑随即开展了大量走访，走访狗主、猫主，甚至兔子主；走访淘宝店、实体店，甚至路边摊；走访天使、PE，甚至财务公司，收集一堆信息的目的就是为了解决两个字"边界"。一个创意要做什么？希望得到什么？

张含笑利用流行的脑图软件为自己绘制了一幅需求脑图，描绘了自己的需求，如图 7-1 所示。

根据描述，他想做的事情需要线下店和网络平台配合，主营业务包括宠物的健康、配种（他管这叫"宠物婚介""交友"）、卖宠物用品三大块，并且打算打造自己的品牌（专长），即用授权的方式扩张一级代理和二级代理，打造自己的宠物寄养航空母舰。

图 7-1　需求脑图

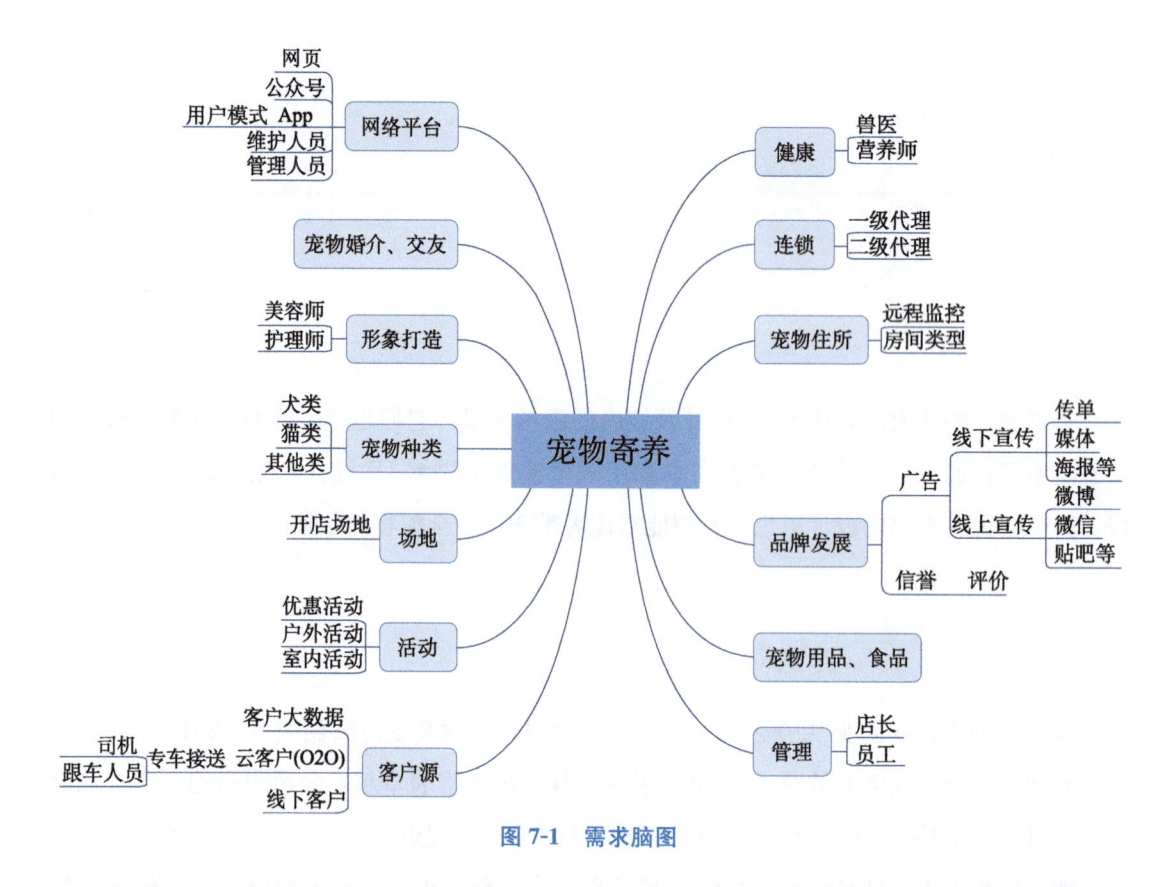

张含笑现在最看重的是这么多的需求，边界在哪里？要不要支持聊天功能成为宠物界的微信？要不要搭配商城作为宠物界的淘宝？

根据对移动互联领域的理解，确定的边界如表 7-1 所示。

表 7-1　确定的边界

品　类	可以做的功能	不做的功能
社交	狗主间关注 宠物微博 配对	狗主间聊天 宠物间社交 人的微博 校友 宠物点评
支付	微信支付	支付宝、信用卡、银行卡等支付
商城	通过宠物微博成交 支持二手搜索 店铺（每人限 10 条商品）	传统的复杂商城
日记类		不做日记
……		

整个表很长，但是能看出张含笑的风格就是借用"六顶帽子"戏法来给自己增加参谋，以确保在只有一个人的状态下也能开展讨论，并且能冷静分析自己的资源，以期获得最好的成果。

7.2 需求分析

互联网界有个千年招黑老梗，即"我有一个改变世界的 idea，就只缺一个程序员了"，经常被人们在网上或茶余饭后拿出来说说笑笑。

创意已经有了，还需要人来协助落地，毕竟一个人的力量是有限的。张含笑通过朋友把远在杭州的"阿里久久"团队产品经理黄飞鸿招至麾下任产品经理和 UI 设计师。

他们把自己关在 3 面都是带磁性玻璃板的办公室里，开动大脑。不到一天，3 面玻璃板贴上了最想要的功能，如图 7-2 所示。

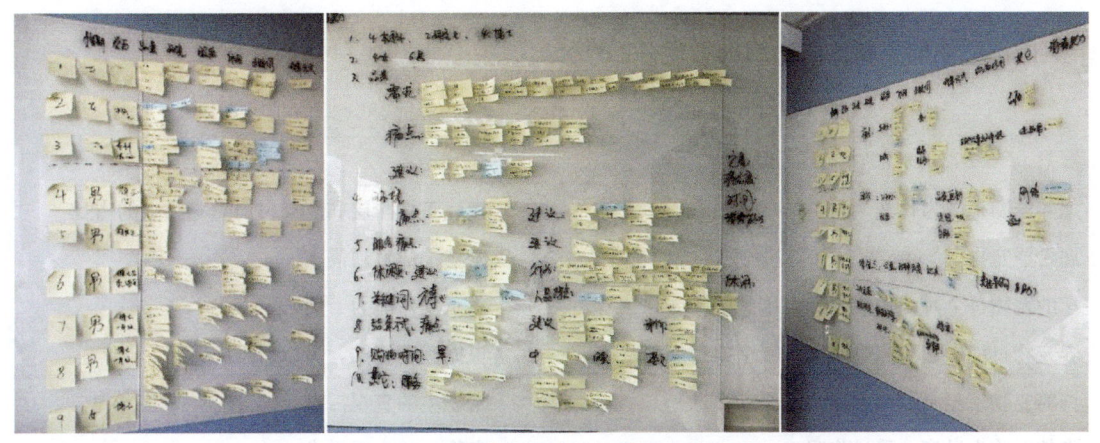

图 7-2　3 面玻璃板贴上了最想要的功能

当前首先要做的就是完善需求，即将需求进一步细化。本来这个时候应该要撰写 PRD 文档，但是他们想直接写 PRD 文档中的需求部分。但这些需求从哪儿来？自然是问真正的用户，于是在撰写之前做了两件事情。

一是开展了一个问卷调查活动，为了问到真正的市场信息，同时掩盖自己的商业意图，他们的调查问卷很中性，即称为"宠物类 App 用户需求调查问卷"，图 7-3 所示为节选的调查问卷。

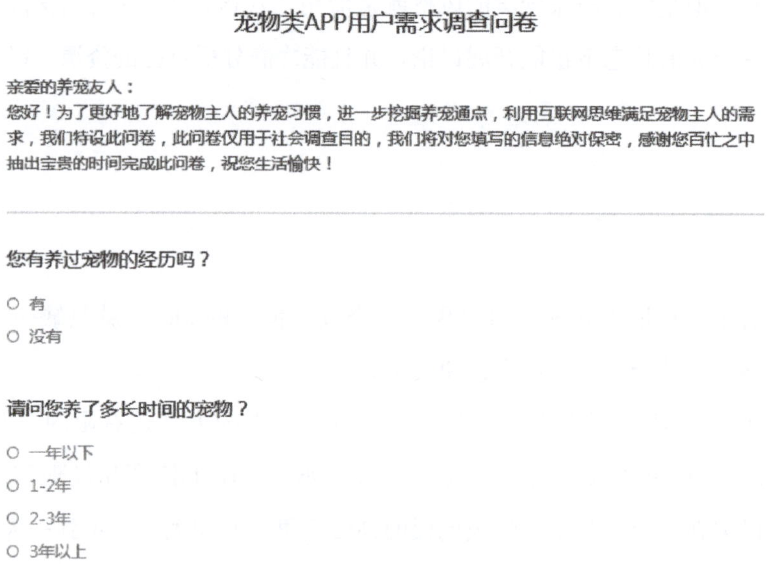

宠物类APP用户需求调查问卷

亲爱的养宠友人：

您好！为了更好地了解宠物主人的养宠习惯，进一步挖掘养宠痛点，利用互联网思维满足宠物主人的需求，我们特设此问卷，此问卷仅用于社会调查目的，我们将对您填写的信息绝对保密，感谢您百忙之中抽出宝贵的时间完成此问卷，祝您生活愉快！

您有养过宠物的经历吗？

○ 有
○ 没有

请问您养了多长时间的宠物？

○ 一年以下
○ 1-2年
○ 2-3年
○ 3年以上

图 7-3 节选的调查问卷

问卷中他们主要关心的问题如表 7-2 所示。

表 7-2 主要关心的问题

问 题	目 的
您养宠物是因为什么	摸底工薪阶层和有支付能力宠物主的占比
您希望宠物 App 包含以下哪些服务	宠物主的直观需求
您的宠物每个月花销在什么范围您能接受	确认支付能力
养宠物过程中遇到困难时以下哪个渠道您最常求助	根据运营思维，为以后推广铺路
饲养宠物您担心哪些方面的问题（多选）	宠物主的直观需求
您的宠物生过病，受过伤吗	宠物主的直观需求

二是开展了一个竞品调查并形成了竞品分析报告。

这个领域内已经有的竞品有小狗在家、有宠、E宠等，竞品名称及版本号如图 7-4 所示。

小狗在家 V3.2.5　　有宠 V4.3.2　　E宠 V3.62　　淘宠网 V3.1.3　　波奇宠物 V3.9.7　　宠物市场 V3.7.1

图 7-4 竞品名称及版本号

随后全部下载下来进行体验，体验结果填入了后续的表格中，对比这些信息可以发现如下问题：

（1）目前宠物 App 切入点各有不同，以电商、社交、O2O 这 3 种不同方式切入并延伸业务。

（2）据调查，波奇宠物早在 2014 年 10 月上线应用。本次版本更新之前在 App Store 下架，在 7 月 11 日重新上线，上线后的数据有所变化。但是从排名和下载量看波奇宠物在这几款 App 中排名是最靠前的，重新上线后的趋势也非常可观。

（3）目前的宠物 App 盈利模式较为单一，只有上门服务及电商。而小狗在家目前没有盈利模式，O2O 服务也没有抽成。

（4）目前宠物 App 排名都比较靠后，可以看出中国的宠物应用市场还处于探索期。

表 7-3 为宠物 App 竞品对比。

表 7-3 宠物 App 竞品对比

产品名称	理念	产品定位	版本评分（数量）/所有评分（数量）	上线时间	排名	近 7 天下载量
小狗在家	舒适自由的家庭式宠物寄养	O2O+社交	4.9（2312）/4.9（5673）	2015.5.30	生活榜 742	1782
有宠	养猫养狗养异宠，约遛配对交宠友	社交+电商	4.3（164）/4.9（3145）	2015.7.14	社交榜 374	2397
E 宠	专为养宠家庭开发的宠物用品网购商城	电商+社交	4.3（1204）/4.3（2523）	2013.11.27	购物榜 163	5125
淘宠网	人人信赖的宠物交易与共享平台	共享+闲置物品交易+电商 O2O	4.9（3433）/4.9（3756）	2016.9.8	生活榜 403	3541
波奇宠物	养宠爱宠人士必备的宠物用品商城，猫咪狗狗交友社区平台	社交+电商+O2O	5（285）/5（285）	2014.8.12	购物榜 94	8156
宠物市场	最专业的宠物交易平台	O2O+电商	4.8（4735）/4.8（4989）	2015.7.31	生活榜 313	4791

对竞品各自的功能细节进行了细致的分析以后，产品经理和设计师开始撰写 PRD 文档中的几个关键部分。

7.2.1 用户需求

有了前一阶段的努力，张、黄开始整理所要设计的系统的功能。他们创建了一个如表 7-4 所示的 UI 字典供开发人员使用，其中严格定义了相关的约定词语。

表 7-4 UI 字典

类型	约定词语
用户角色	系统管理员、店长、员工、小主……
健康业务	体检、护理、SPA……
配种业务	关注、婚介、示爱（心形）、性别、年龄、伴侣、解约……

(续表)

类　型	约定词语
宠物用品	狗粮、猫粮、猫抓板、标签……
主人信息	常出没、爱好、遛狗时间……
	……

这个字典随着后面用户需求文档的完善而一同维护。

以小主信息页面为例，用户需求如表7-5所示。

表7-5　用户需求

模　块	功　能	功能约束
小主信息 （适用所有角色的 移动端）	小主信息	头像更改 昵称更改 常出没、爱好、遛狗时间等的更改
	等级显示	图标及美术字
	我的宠物	名字、头像等
	宠物关注	宠物名字、小主等
	宠物婚介	宠物名字、小主等
	我的收藏	收藏的宠物动态
	注销	注销并退出
	关于	版本号、公司名、slogan

在确定用户需求时需要对用户在问卷中的答案进行取舍，不能直接遵从或否定。最好根据直接的需求挖掘其背后的需求，超出用户的期望。

7.2.2　运营需求

在推广方面，这个软件初步分析会按如表7-6所示的运营需求方式考虑并运营。

表7-6　运营需求方式

推广类别	方　法	期　望
活动	宠物联谊会	通过扫码下载安装后领取礼物
	赛狗会	通过扫码下载安装后领取礼物
	社区宣传	通过扫码下载安装后领取礼物
SEO	官网宣传	在宠物用品和寄养方面解决同城需求
街头散发	送小礼物鼓励下载	尽可能多地安装和使用

在监测运营效果方面简单地构思了积累评价KPI指标并描述了评价标准，划分了权重，如表7-7所示。

表 7-7 评价 KPI 指标

KPI 指标		衡量标准	权　重
规模类	注册用户数	人	45%
	DAU	人	55%
流量类	宠物博客	条	60%
	婚介效果	次	40%

针对这些运营的需求，初步拟定了以下埋点：

（1）确定埋点类型为点击事件、曝光事件、页面事件、本期统计。

（2）注册用户关联获客方式，计入对应的本期统计。

（3）用户登录计入本期统计。

（4）App 平台上广告的成功跳转计入曝光事件。

（5）三大核心功能的页签点击计入点击事件。

……

7.2.3 用户故事

用户故事（User Story）在软件开发过程中被作为描述需求的一种表达形式，为了规范其表达，并便于沟通，一般包含角色、活动、价值 3 个要素。用户故事比测试用例要简单很多，但作用却不可小觑，它是正式测试开始之前查漏补缺的重要工具。

为此，张、黄二人针对不同角色编写了相应的用户故事。作为范例，此处仅给出用户角色（小主）的用户故事。数量不多，仅仅 10 条，如表 7-8 所示。

表 7-8 用户角色（小主）的用户故事

序　号	测试条目	步　　骤	期望结果
1	选择店铺	（1）进入首页 （2）单击左上角的店铺 （3）单击店铺信息进入店铺详情 （4）选择该店铺	成功选择店铺
2	收藏一条动态	（1）进入首页 （2）单击"动态"图标，进入动态页面 （3）选择查看一条动态内容 （4）单击爱心图标收藏动态	成功收藏动态，并有提示弹窗
3	查看豪华房照片	（1）进入首页 （2）单击"住房" （3）单击豪华房照片 （4）查看照片	成功查看照片，并可以切换照片
4	预订一个房间	（1）进入首页 （2）单击"住房"图标，进入住房页面 （3）选择入住、离店时间 （4）确认预订	成功预订并创建订单

(续表)

序号	测试条目	步骤	期望结果
5	发布一条征婚信息	(1) 进入首页 (2) 单击"婚介"图标，进入婚介页面 (3) 单击"我要征婚"按钮 (4) 完善主人和宠物信息	成功发布征婚信息
6	添加新地址	(1) 进入个人中心 (2) 单击"地址管理"图标，进入地址管理界面 (3) 单击"添加新地址"按钮 (4) 完善地址信息 (5) 保存信息	成功添加新地址
7	取消汪星人订单	(1) 进入订单 (2) 找到汪星人订单 (3) 单击"取消订单"按钮 (4) 单击"是"按钮	成功取消订单，并有提示弹窗
8	更换个人头像	(1) 进入个人中心 (2) 单击头像 (3) 进入个人信息页面 (4) 单击头像 (5) 单击"相册"按钮 (6) 选择图片 (7) 单击"确定"按钮	成功更换个人头像
9	修改登录密码	(1) 进入个人中心 (2) 单击右上角的"设置"图标 (3) 点击"修改登录密码" (4) 输入手机号，获取校检码 (5) 填写校检码 (6) 单击"下一步"按钮 (7) 设置新密码 (8) 单击"确定"按钮	成功修改登录密码，并弹窗提示
10	查看宠物监控	(1) 进入千里眼 (2) 选中购买监控服务的宠物 (3) 进入监控页面	成功进入监控页面

7.3 UI 流程图设计

UI 流程图的设计既不是为了编撰用户指南（虽然绘制流程图时确实会为用户指南提供要点），也不是为用户需求文档提供内容（UI 流程图过于专业，无法融入任何一份其他文档中）。UI 流程图的核心思想就是尽可能早地发现问题，否则会造成线框图、原型、高保真图，甚至开发和测试的全流程返工。

因此他们遵照"用户的每一次点击都应当在考虑范围内"的指导原则编制了流程图。受篇幅限制在此仅提供 4 个模块的 UI 流程图，其中 UI 所用的元素说明如图 7-5 所示。

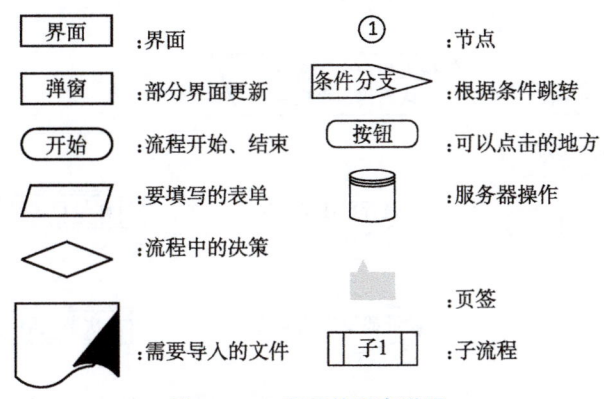

界面	:界面	①	:节点
弹窗	:部分界面更新	条件分支	:根据条件跳转
开始	:流程开始、结束	按钮	:可以点击的地方
	:要填写的表单		:服务器操作
	:流程中的决策		:页签
	:需要导入的文件	子1	:子流程

图 7-5　UI 所用的元素说明

1. 注册登录及找回密码模块

其流程如图 7-6 所示。

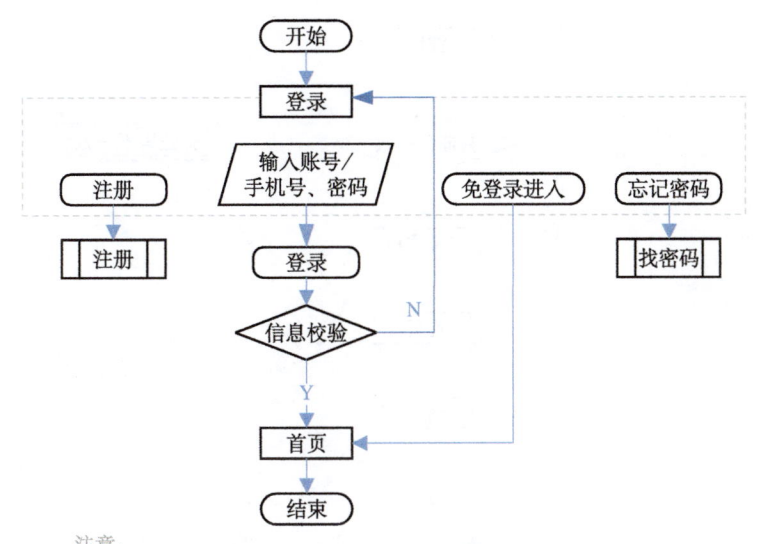

注意：
账号支持自定义字符串16位，字母开头，由字母、汉字和数字组成。所有输入框在用户端格式校验后方可发送至服务器，密码由6~20位英文、数字或符号构成。

图 7-6　注册登录及找回密码模块的流程

由此流程图可以看出登录页上用户可以选择登录、注册、忘记密码，以及免登录界面，并且登录时需要填写的信息，以及校验的信息。主流程实现了从登录到首页的跳转，其中注册和忘记密码会分别跳转到各自的子流程。作为示例，将注册子流程一并提供。

注册子流程如图 7-7 所示。

注册子流程起于注册页面，停止于首页。因为注册过程比较复杂，存在多种校验，包括

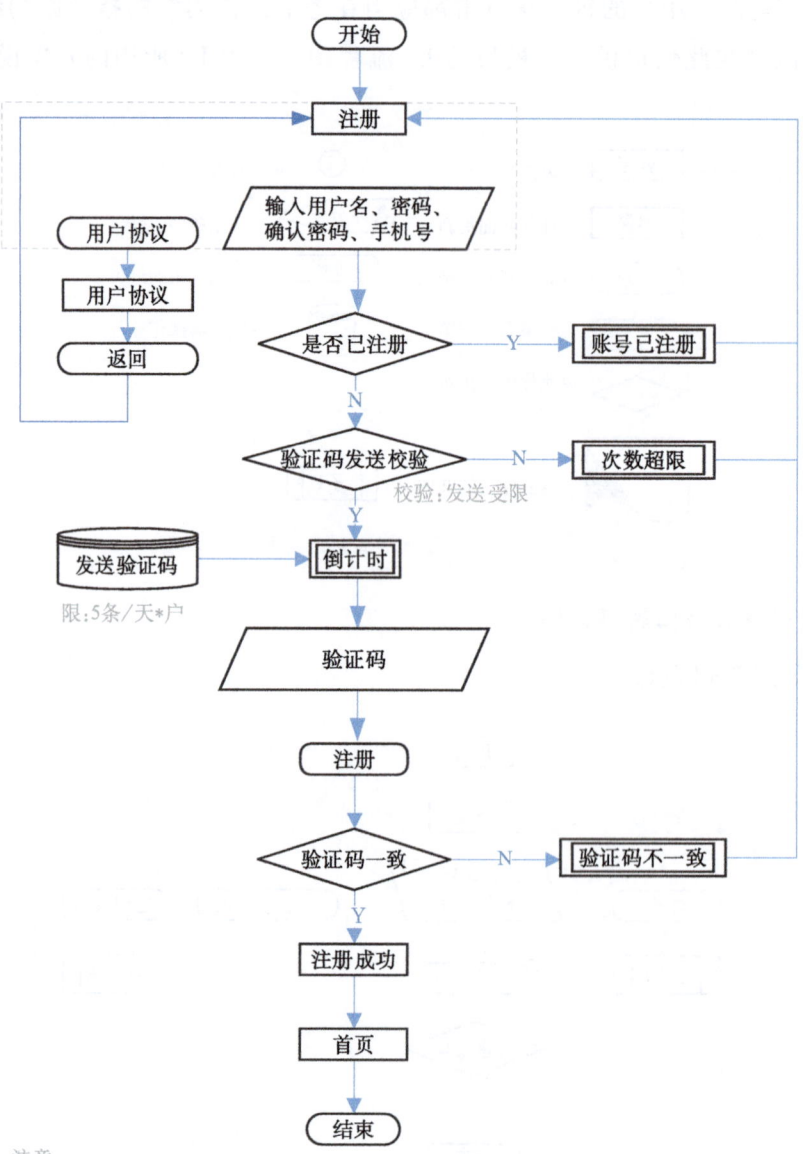

图 7-7　注册子流程

端格式校验（用备注表述）、账号冲突校验、验证码发送次数校验，以及验证码本身的校验。每种校验如果不满足主流程的要求，则会有相应的弹窗或者交互，真正实现了"用户每一次操作都在预料范围内"的目的。

2. 宠物婚介模块

宠物婚介模块起于婚介页面，整个页面有3个操作入口，均拟设置为按钮或者页签。因为按钮数量不多，页面空白区域必须要展示内容才够美观，所以通过主流程表达默认内容为

"我的征婚",即如果在"婚介"页面中点击"我的征婚",那么整个页面是看不到变化的,实际上这个页面的名字也叫作"征婚信息"。而点击其他两个页面则会有新的页面产生,其名字和操作都需跳转到其他子流程观看。备注的使用在这个模块中也很典型,适当的注释可以节约 UI 流程图的绘制时间。例如,"照片可由本地图库选择"这个为最常见的功能,因此不绘制详细流程图也不至于引发大的误会。

图 7-8 所示为宠物婚介模块的流程。

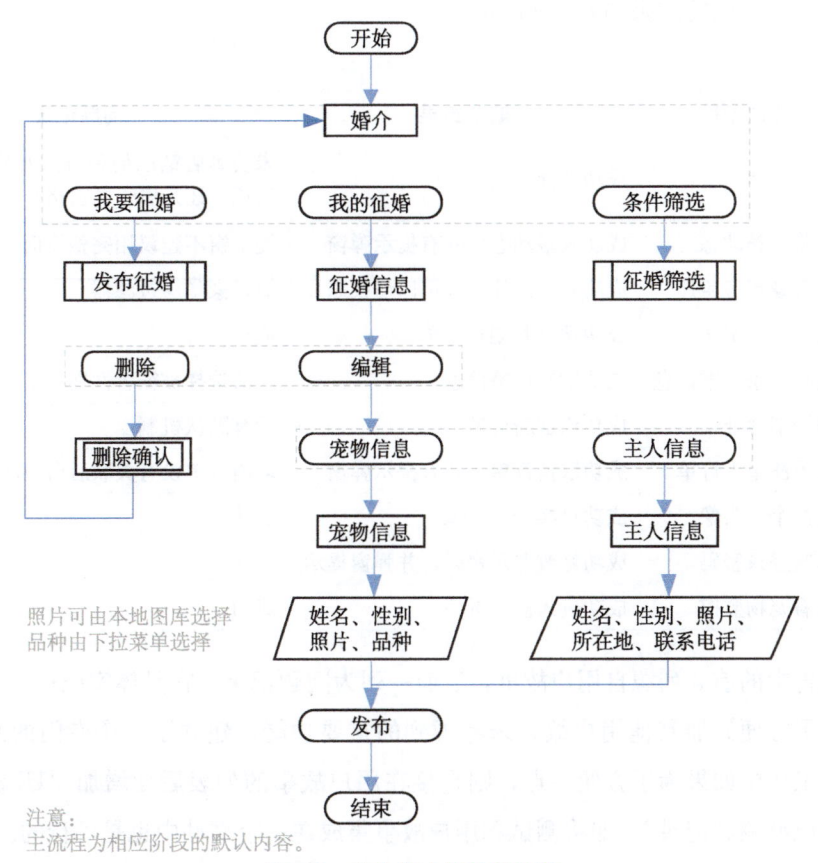

图 7-8 宠物婚介模块的流程

基于 UI 流程图,我们可以做以下事情:

(1) 对照用户故事,在 UI 流程图中逐环节判断是否能顺利实现用户故事,并统计需要多少次点击,每次点击的界面是否复杂。

(2) 统计 UI 流程图中的界面数量即可估算出本项目的大致开发成本。

(3) 面对面之外还提供了一种信息交流的载体。

7.4 UI 流程图设计测试

为了防止项目进展到线框图、原型、高保真图、开发等后续步骤才发现系统中存在的重要缺陷，在这一步临时插入了一个测试环节。

在这个环节采用了一种不同于正统测试的方法，主张在设计版本发布前因地制宜地为软件产品量体裁衣制定高效的测试方法。它与传统单元测试、集成测试等方法并不矛盾，相反，DIY 可用性测试的应用能有效减少单元测试、集成测试发现的问题数量，并且减少了返工次数，提高了项目成功率，这个方法在后面的测试中也会一再运用。

这个阶段的 DIY 测试更为简单，甚至不用邀请测试对象、安排暗访等。

本轮测试中形成的结果如表 7-9 所示。

表 7-9 形成的结果

序 号	测试条目	期望结果	问题记录
1	选择店铺	成功选择店铺	未明确店铺以何种方式存在，是按钮？选项？还是属于九宫格？
2	收藏一条动态	成功收藏动态，并有提示弹窗	提示窗不建议用完整页面
3	查看豪华房照片	成功查看照片，并可以切换照片	缺乏豪华房过滤器
4	预订一个房间	成功预订并创建订单	成功
5	发布一条征婚信息	成功发布征婚信息	无法选择被征者性别
6	添加新地址	成功添加新地址	没有默认机制
7	取消汪星人订单	成功取消订单，并有提示弹窗	取消订单没有关联后台备注
8	更换个人头像	成功更换个人头像	成功
9	修改登录密码	成功修改登录密码，并弹窗提示	成功
10	查看宠物监控	成功进入监控页面	成功

测试报告中的前 3 列源自用户故事，后面一列为问题记录。在具体实施过程中，张含笑的风格是为了方便添加其他用户故事未考虑到的重要功能，建立了一个专门的测试报告文件。在实际工作中如果为了方便一点，则直接在用户故事的列表后面增加"UI 流程图测试记录"和"原型测试记录"，即将测试和用户故事集成在一个文件中也是可行的。

7.5 线框图及原型设计测试

通过测试的 UI 流程图对整个项目来说都是一个非常好的阶段性成果，包括如下方面：
（1）不用再担心在设计后续繁琐的页面时丢三落四或者一天一个想法。
（2）页面数量已经精简到了一定程度，页面设计任务被降低到了最少。
（3）已经确认没有重大功能遗失，后续返工量会很轻微。
（4）要用到的第三方 API 或者数据已经顺便梳理成为清单。
（5）测试人员可以开始撰写测试用例。
（6）页面规模和交互规模等能做到非常精准的预计，此时估算的工期非常正确，有利于运营、市场等相关部门制订准确工作计划。

（7）UI 字典已经成型，不会出现不同终端名称可能不一致的情形。

对设计师而言，本阶段的工作目标是把已经规划在 UI 流程图中的页面逐个做出，并且最终拼成可以交互的原型（实际工作中在这个阶段还会开始策划 iCon 的设计）。

为了协调这个小小的团队，保障做出来的界面沿用同样的规则，一致同意将 iPhone 6s 的尺寸作为移动端软件的外框尺寸，并确定了状态栏、导航栏、标签栏的尺寸，如图 7-9 所示。

页面内部从上到下两侧留有贯通的边距，用来引导用户继续浏览。页面边距初步定为常用的 30 px，后续可以根据软件界面的调性微调这个数值，但需要注意数值最好是偶数，如图 7-10 所示。

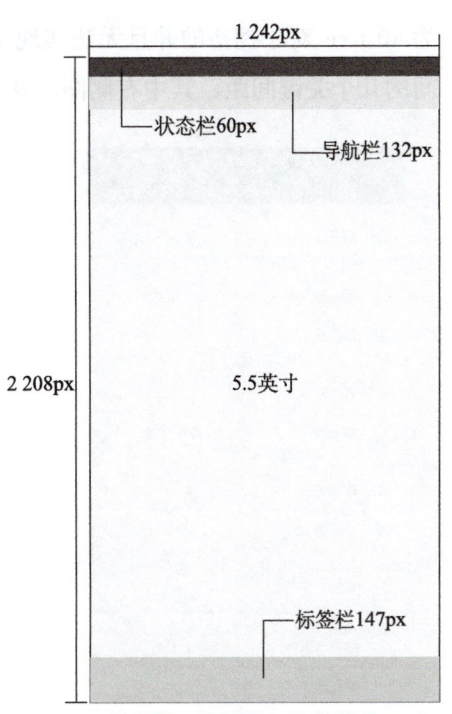

图 7-9　状态栏、导航栏、标签栏的尺寸

图 7-10　页面边距初步定为常用的 30 px

页面内部各板块之间的距离则自由度大得多。板块是指眼睛一看就会自动根据格式塔原理当成一个整体考虑的部分，这些板块之间的距离根据页面内容的情况可以采取细间距（16 px）或宽间距（64 px）。为了统一定义了两种尺寸，即对于本身超出一个页面长度的长页面，定

为 40 px；对于拥挤的并且无法实现 40 px 间距的页面，定为 16 px。图 7-11 所示为内容之间的几个关键间距，其中右侧图的两种间距可以分别定为 16 px 和 40 px。

图 7-11　内容之间的几个关键间距

其他尺寸规则还有很多，如列表类每条的宽度定为 136 px，条目间间距定为 1 px，内部用到的 Banner 类的图片比例定为 16：9。文字大小分为 3 类，即 38 号、30 号和 22 号字，根据文字的层级使用。

为了防止插入的图片影响对 UI 布局的判断，色彩只准使用黑色、白色和灰色（♯f0eff5）。

根据上述规则，最后完成了线框图和交互原型。

完成的设计包含 144 个页面（未包含后台管理系统），图 7-12 所示为页面树状图（未展开）。

图 7-12　页面树状图（未展开）

关键页面展示如下，其中的红色波浪标志表示此处添加了交互：

图 7-13 所示为登录和注册页面。

图 7-14 所示为 App 首页及设定店铺的页面。

在做页面时有两个极端要提防，一是肆意挥霍，不停地加页面。结果是多个页面中只有一个输入项，导致用户操作深度非常大，容易带来不好的体验，开发量也剧增。二是不仔细想细节，力图做到最精简，实际上大量辅助功能被遗漏，这样的软件也失去了实用价值。

完成线框图后，有的设计师会特意绘制一幅汇集所有页面跳转关系的总图。其设计目的是方便评审过程中查找跳转问题，以及给开发人员一个快速了解跳转关系的机会。

第 7 章　手机软件 UI 实践

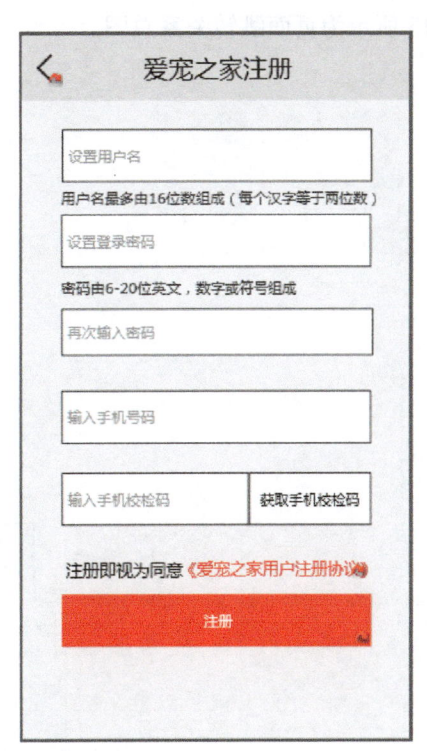

图 7-13　登录和注册页面

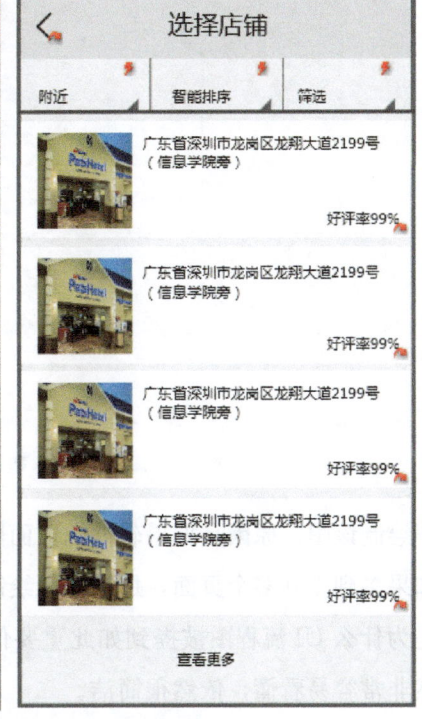

图 7-14　App 首页及设定店铺的页面

图 7-15 所示为页面跳转关系总图。

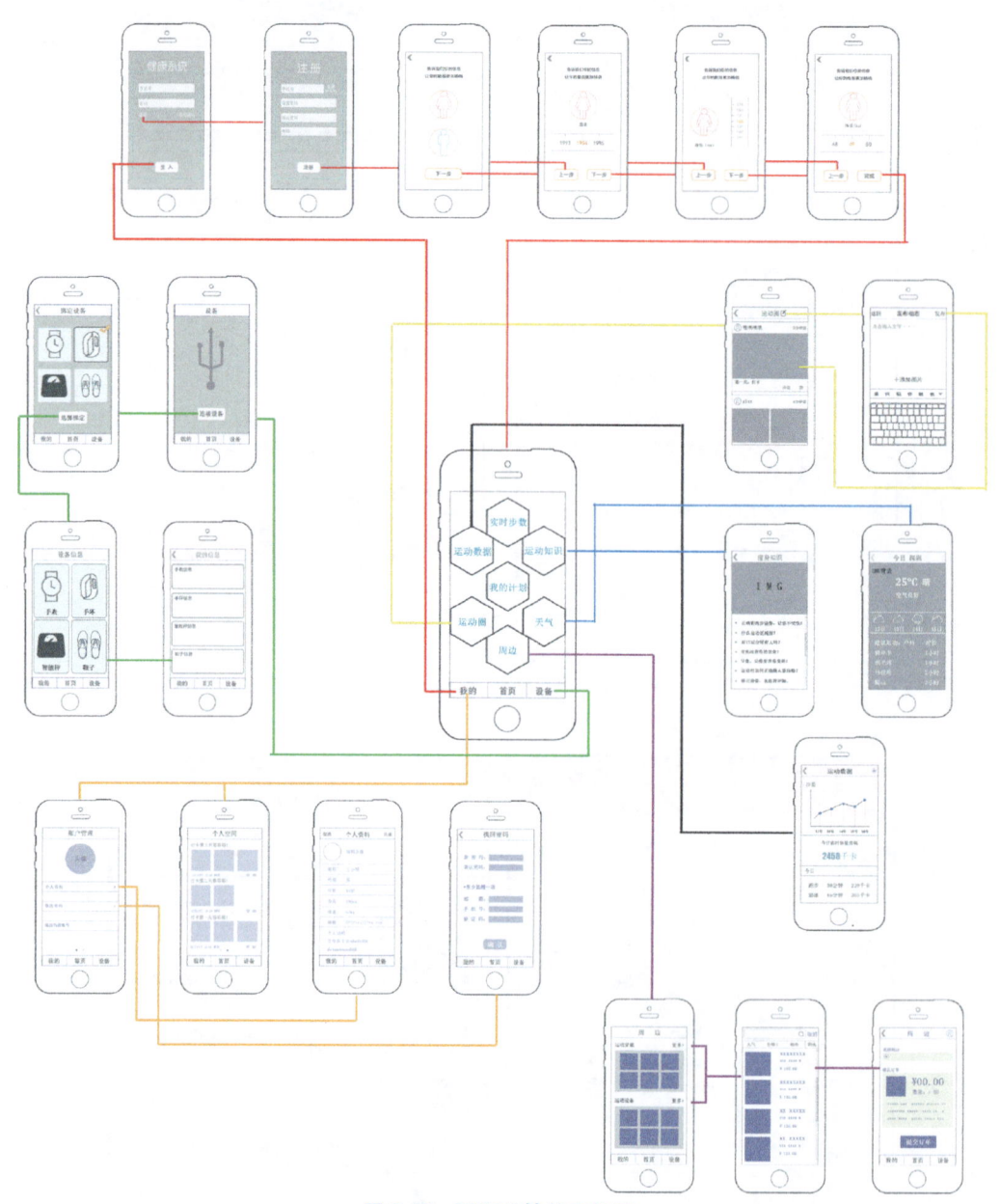

图 7-15　页面跳转关系总图

不推荐绘制该图，原因是如果软件的页面图不超过 30～40 幅，那么跳转关系肯定是能表达的；如果多到 100 多个页面，那么即便绘制出来，该图对使用的人来说也是灾难。

这也是为什么 UI 流程图被提到如此重要位置的原因，利用 UI 流程图几百个页面级别的设计依然非常容易看懂，依然很简洁。

接下来为了加快进度，兵分两路，一路解决视觉问题（设计并确认视觉风格和 iCon 设计），另一路则开始执行更严格的原型测试。

7.6 视觉稿设计

从构思到开发,中间通常会经历 3~4 个不同的设计阶段。
(1) 通过绘制 UI 草图从诸多想法中筛选出最有潜力的方案。
(2) 绘制线框图规划信息的层次结构,将内容分组,突出核心功能。
(3) 绘制包含细节的视觉稿。

这样的几个阶段构成使得设计师可以低成本、快速地测试和迭代其想法,设计产品框架。这不仅仅适用于全新的产品搭建,而且适宜于界面的新版本更新。线框图是低保真的,而视觉稿则增加了细节。如果在体验视觉稿时不进行操作,那么用户根本分不清楚这只是一张图片。在互联网+最火的年代,不少团队就凭着视觉稿拿到了自己想要的投资。

7.7 原型测试

虽然交互原型是在线框图的基础上完成的,但是线框图已经确定了设计规则。美观程度虽然赶不上高保真图,但从布局和内容上面与其无异。从关注交互的角度上看,此时的原型测试等价于在高保真原型的基础上开展的原型测试内容。

之前基于 UI 流程图设计的测试我们只能用鼠标在 UI 流程图上追踪信息流、资金流和物流,模拟点击界面。此时我们不仅有了界面,而且是可以在手机上操作的界面。但是无法测试每个内容输入控件是否正确,也无法测试数据流和内部运算等需要计算机参与的部分。

大部分决定体验的交互至此基本可以开始测试,以发现更深层次的体验问题。测试时必须仔细观察助手的反应,如图 7-16 所示。

图 7-16 测试时必须仔细观察助手的反应

我们仍然会采用 DIY 测试方法并依赖之前做好的用户故事开展新的测试，测试结果如表 7-10 所示。

表 7-10　测试结果

序号	测试条目	期望结果	问题记录
1	选择店铺	成功选择店铺	店铺入口并非常见位置，建议优化
2	收藏一条动态	成功收藏动态，并有提示弹窗	收藏成功的弹窗有点烦人
3	查看豪华房照片	成功查看照片，并可以切换照片	是否有轮播
4	预订一个房间	成功预订并创建订单	订房操作深度长
5	发布一条征婚信息	成功发布征婚信息	增加"为宠物"的提示
6	添加新地址	成功添加新地址	地址过长怎么处理
7	取消汪星人订单	成功取消订单，并有提示弹窗	取消订单没有关联后台备注
8	更换个人头像	成功更换个人头像	缺乏图片裁剪
9	修改登录密码	成功修改登录密码，并弹窗提示	建议删除确认密码一项
10	查看宠物监控	成功进入监控页面	成功

图 7-17 所示为评审和测试实景。

图 7-17　评审和测试实景

7.8　开发跟进等其他环节

因为开发环节尚未开始，所以特地制作了一个备忘工作清单。其中记录了特别重要的事项，如表 7-11 所示。

表 7-11　开发环节备忘工作清单

功能分类	跟踪项	原　　因
功能跟进	首页 Banner 特效	无法在线框图展示
	……	
运营埋点	注册用户关联获客方式	无法在线框图展示
	……	

开发之后还会有测试，每个环节后面都会安排评审，其实还有很多未能详细表述的环节。难题不可怕，可怕的是我们经常会产生"将就"的想法。重要的是认真地做好每一次测试和评审。

7.9　课后习题

1. 参照本章流程完成本学期大作业。
2. 组织大作业评审并做好记录。

反侵权盗版声明

电子工业出版社依法对本作品享有专有出版权。任何未经权利人书面许可，复制、销售或通过信息网络传播本作品的行为，歪曲、篡改、剽窃本作品的行为，均违反《中华人民共和国著作权法》，其行为人应承担相应的民事责任和行政责任，构成犯罪的，将被依法追究刑事责任。

为了维护市场秩序，保护权利人的合法权益，我社将依法查处和打击侵权盗版的单位和个人。欢迎社会各界人士积极举报侵权盗版行为，本社将奖励举报有功人员，并保证举报人的信息不被泄露。

举报电话：（010）88254396；（010）88258888
传　　真：（010）88254397
E-mail：dbqq@phei.com.cn
通信地址：北京市海淀区万寿路173信箱
　　　　　电子工业出版社总编办公室
邮　　编：100036